国家级职业教育规划教材
对接世界技能大赛技术标准创新系列教材
全国职业院校计算机网络应用专业教材

Web 页面布局

人力资源社会保障部教材办公室　组织编写

中国劳动社会保障出版社

简　介

本书为对接世界技能大赛技术标准创新系列教材 / 全国职业院校计算机网络应用专业教材，主要内容包括“V 酒店”搜索页面布局、“V 酒店”内容页面布局、“V 酒店”移动端页面布局、“V 酒店”响应式页面布局四个项目，涵盖 HTML 标签、CSS 样式表、W3C 标准网页测试工具、Bootstrap 前端开发框架等相关知识和技术。

本书主要内容对接世界技能大赛网站设计与开发赛项网站页面布局部分，以“实用、适用、好用、易开展教学”为教学转化原则，结合企业实际在用、适用且易于实现的技术分析，进行常规教学转化，从而达到对接国际标准、培养卓越职业技能人才的目的。

图书在版编目（CIP）数据

Web 页面布局 / 人力资源社会保障部教材办公室组织编写 . -- 北京：中国劳动社会保障出版社，2021

对接世界技能大赛技术标准创新系列教材　全国职业院校计算机网络应用专业教材

ISBN 978-7-5167-3406-3

Ⅰ. ①W…　Ⅱ. ①人…　Ⅲ. ①网页制作工具 – 技工学校 – 教材　Ⅳ. ①TP393.092.2

中国版本图书馆 CIP 数据核字（2021）第 115244 号

中国劳动社会保障出版社出版发行

（北京市惠新东街 1 号　邮政编码：100029）

*

北京市艺辉印刷有限公司印刷装订　新华书店经销

787 毫米 × 1092 毫米　16 开本　18.5 印张　302 千字

2021 年 8 月第 1 版　2025 年 11 月第 5 次印刷

定价：45.00 元

营销中心电话：400-606-6496

出版社网址：http://www.class.com.cn

http://jg.class.com.cn

对接世界技能大赛技术标准创新系列教材

本书编审人员

主　编：丁国明

副主编：赵慧慧　龙大奇

参　编：白忠才　费　涨　罗恒辉　唐　晔　吴风乐　姚　银
尹友明　周文轩　饶培康

主　审：郭　煜

序

世界技能大赛由世界技能组织每两年举办一届，是迄今全球地位最高、规模最大、影响力最广的职业技能竞赛，被誉为“世界技能奥林匹克”。我国于2010年加入世界技能组织，先后参加了五届世界技能大赛，累计取得36金、29银、20铜和58个优胜奖的优异成绩。第46届世界技能大赛将在我国上海举办。2019年9月，习近平总书记对我国选手在第45届世界技能大赛上取得佳绩作出重要指示，并强调，劳动者素质对一个国家、一个民族发展至关重要。技术工人队伍是支撑中国制造、中国创造的重要基础，对推动经济高质量发展具有重要作用。要健全技能人才培养、使用、评价、激励制度，大力发展技工教育，大规模开展职业技能培训，加快培养大批高素质劳动者和技术技能人才。要在全社会弘扬精益求精的工匠精神，激励广大青年走技能成才、技能报国之路。

为充分借鉴世界技能大赛先进理念、技术标准和评价体系，突出“高、精、尖、缺”导向，促进技工教育与世界先进标准接轨，完善我国技能人才培养模式，全面提升技能人才培养质量，人力资源社会保障部于2019年4月启动了世界技能大赛成果转化工作。根据成果转化工作方案，成立了由世界技能大赛中国集训基地、一体化课改学校，以及竞赛项目中国技术指导专家、企业专家、出版集团资深编辑组成的对接世界技能大赛技术标准深化专业课程改革工作小组，按照创新开发新专业、升级改造传统专业、深化一体化专业课程改革三种对接转化原则，以专业培养目标对接职业描述、专业课程对接世界技能标准、课程考核与评价对接评分方案等多种操作模式和路径，同时融入健康与安全、绿色与环保及可持续发展理念，开发与世界技能大赛项目对接的专业人才培养方案、教材及配套教学资源。首批对接 19 个世界技能大赛项目共 12 个专业的成果将于 2020—2021 年陆续出版，主要用于技工院校日常专业教学工作中，充分发挥世界技能大赛成果转化对技工院校技能人才的引领示范作用。在总结经验及调研的基础上选择新的对接项目，陆续启动第二批等世界技能大赛成果转化工作。

希望全国技工院校将对接世界技能大赛技术标准创新系列教材，作为深化专业课程建设、创新人才培养模式、提高人才培养质量的重要抓手，进一步推动教学改革，坚持高端引领，促进内涵发展，提升办学质量，为加快培养高水平的技能人才作出新的更大贡献！

2020 年 11 月

目　录

项目一　“V 酒店”搜索页面布局

项目二　“V 酒店”内容页面布局

项目三　“V 酒店”移动端页面布局

项目四 “V 酒店”响应式页面布局

项目一 “V 酒店”搜索页面布局

企业网站可以很好地展示企业形象和宣传企业业务，是目前企业进行网络营销的流行方式。企业网站要面向广大用户，包括潜在的客户，而网站的页面布局是影响用户体验的重要因素。企业网站搜索页面为企业客户提供企业信息检索服务，方便广大客户对企业的了解。合理设计搜索页面，能够提升网站的整体效果，能够为客户提供更便捷的服务，能够增加客户对企业的好感度，为企业树立良好形象提供一定帮助。

为进一步方便客户查询酒店房间信息，“V 酒店”官网计划对酒店房间搜索网页进行改版。

任务 1 分析任务与规划页面

学习目标

1. 能叙述网页的相关概念。
2. 能分析页面的布局结构。
3. 能规划页面的制作流程。

任务描述

“V 酒店”搜索页面的网页效果图已经确定，如图 1-1-1 所示，内容素材也已准备就绪，现需要 Web 前端设计师根据网页效果图分析页面的布局结构，规划页面的制作流程。具体要求如下：

1. 分析搜索页面的布局结构。
2. 规划搜索页面的制作流程。

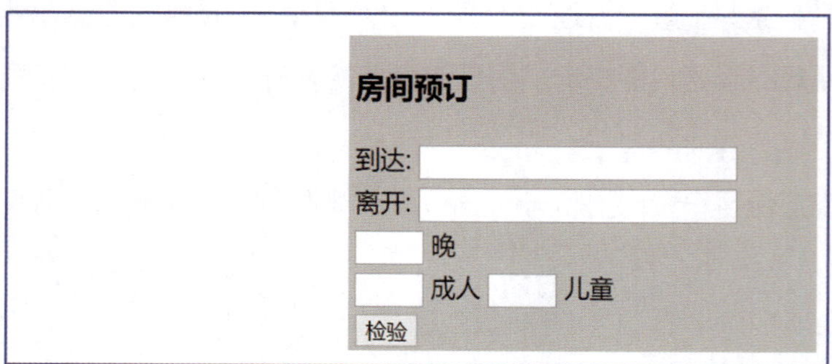

图 1-1-1 “V 酒店”搜索页面的网页效果图

相关知识

一、HTML 基础知识

1. HTML 相关概念

（1）网页

网页（Web Page）是构成网站的基本元素，是承载各种网站应用的平台。网页是一个文件，通常是 HTML 格式，文件扩展名为 html 或 htm 等，存放在互联网的某台计算机中。网页经由网址（Uniform Resource Locator，URL）来识别与存取，当用户在浏览器中输入网址后，通过计算机网络，网页文件会被传送到浏览器中，浏览器将解释网页的内容并将其展示到用户的眼前。

（2）网站

网站（Website）是网页的合集，存放在拥有域名或地址并提供一定网络服务的主机中。用户通过浏览器访问、浏览网站和查找文件，也可以通过文件传输协议（File Transfer Protocol，FTP）等远程文件传输方式上传、下载网站文件。

（3）HTML

HTML 是“Hyper Text Markup Language”的英文缩写，译为“超文本标记语言”。“超文本”就是用超链接的方法，将各种不同空间的文字信息组织在一起的网状文本。HTML 使用标记标签来搜集、控制、描述网页。

HTML 是纯文本类型的语言，属于编写网页标准的纯文本语言，使用 HTML 编写的网页可以使用任何文本编辑器打开、查看和编辑。

HTML 是由 Tim Berners-Lee（蒂姆 · 伯纳斯 - 李）于 1982 年创立的。第一个版本 HTML 1.0 于 1993 年发布，目前最新的是 HTML 5.0 版本，该版本极大地提升了 Web 在富媒体、富内容和富应用等方面的能力，是推动移动互联网发展的重要手段。

（4）浏览器

浏览器是用来解释网页并显示网页上的文字、图像、视频等信息的软件，它还可以让用户与这些文件进行交互操作。常用的浏览器包括以下四种：

1）Internet Explorer。Internet Explorer 简称 IE，是微软公司推出的一款网

页浏览器，旧称 Microsoft Internet Explorer（6 版本及以前）和 Windows Internet Explorer（7、8、9、10、11 版本）。IE 浏览器是历史最悠久的浏览器之一。

2）Microsoft Edge。Microsoft Edge 也是微软公司推出的网页浏览器，其用户正在大量增加。它支持内置 Cortana（微软小娜）语音功能，内置阅读器、笔记和分享功能，设计注重实用和极简主义。

3）Google Chrome。Google Chrome 是由 Google 公司开发的一款设计简单、高效的网页浏览工具。

4）Mozilla Firefox。Mozilla Firefox 中文俗称“火狐”，是一款自由及开源的网页浏览器，由 Mozilla 基金会及其子公司 Mozilla 公司开发。Mozilla Firefox 支持多种操作系统，如 Windows、Mac OS X 及 GNU/Linux 等，其移动版本支持 Android 及 Firefox OS。

（5）网页开发工具

一般的文本编辑器无法高效、优质、简易地开发网页，为此，一些软件公司为网页和网站的开发推出了很多优秀的开发工具。常用的有以下三种：

1）Dreamweaver 编辑器。Dreamweaver 简称 DW，是集网页制作和网站管理于一身的网页代码编辑器。该软件最初由美国 Macromedia 公司开发。2005 年，世界顶级软件厂商 Adobe 公司收购了 Macromedia 公司，将 Dreamweaver 改名为 Adobe Dreamweaver 并加入了对移动应用程序的支持。

DW 支持用代码、拆分、设计、实时视图等多种方式来创作、编写和修改网页，无须编写任何代码就能快速创建 Web 页面；DW 支持 HTML、CSS、Java script 等内容，具有可视化编辑、错误提示和附加功能，可以帮助开发者快速开发网页。

2）Sublime Text 编辑器。Sublime Text 是一款轻量、简洁、高效、跨平台的编辑器。Sublime Text 可跨平台支持 Windows/Linux 等，支持 32 位与 64 位操作系统，具有语法高亮、代码补全、代码折叠、行号显示、自定义皮肤和配色方案等功能，并拥有极高的响应速度。Sublime Text 自身独特的功能包括代码地图、多种界面布局以及全屏免打扰模式等，可支持 C、C++、C#、CSS、HTML、Java、Java script 等三十多种主流编程语言的语法高亮显示，是一种全功能代码编辑器。

3）Notepad++ 编辑器。Notepad++ 是 Windows 操作系统下的一套文本编

辑器（软件版权许可证：GPL），有完整的中文化接口及支持多国语言编写的功能（UTF8 技术）。

Notepad++ 功能比 Windows 中的 Notepad（记事本）强大，除可以用来制作一般的纯文字说明文件，也十分适合编写计算机程序代码。Notepad++ 不仅具有语法高亮显示功能，也具有语法折叠功能，并且支持宏以及扩充基本功能的外挂模组。

2. HTML 的特点

（1）简易性

HTML 版本升级采用超集方式，因而更加灵活、方便。

（2）可扩展性

HTML 采用子类元素的方式，为系统扩展带来保证。新的功能只需增加元素，就可以简单实现。

（3）平台无关性

HTML 通过浏览器来解释，所以与硬件设备所使用的平台无关，可以在计算机、手机或其他可以连接互联网的各类设备上使用。

二、网页标准

1. 网页标准的概念

网页标准（Web 标准）一般是指对万维网各方面的定义和说明的正式标准以及技术规范，是一系列标准的集合。这些标准大部分由万维网联盟（World Wide Web Consortium，W3C）起草和发布，也有一些标准是由其他标准组织制定的，如脚本语言（ECMA Script①）标准。

2. 网页标准的组成

网页的标准是根据网页的组成制定的。网页由结构（Structure）、表现（Presentation）和行为（Behavior）三部分组成，对应的标准如下：

① ECMA Script 是一种由 ECMA 国际（前身为欧洲计算机制造商协会，European Computer Manufacturers Association）通过 ECMA-262 标准化的脚本程序设计语言。

（1）结构标准

结构用于对网页中用到的信息进行分类和整理，主要由 HTML 标签组成。在页面 body 里面写入的标签都是为了规划页面的结构。结构标准主要包括 HTML、XHTML 和 XML。

（2）表现标准

表现用于对信息进行外观表现的形式控制，主要通过 CSS 让结构标签变得更具美感。表现标准就是 CSS 样式表。

（3）行为标准

行为是指页面文档的模型定义及其与用户之间的交互。行为标准主要包括对象模型（Document Object Model，DOM）和脚本语言（ECMA Script）。

3. 网页标准的意义

（1）Web 开发人员

对于 Web 开发人员而言，按照网页标准制作网页便于协同开发，提高工作效率。

（2）网页

对于网页而言，使用网页标准开发的网页可以在主流浏览器正确显示，更易于被搜索引擎访问并收入网页，更易于转换为其他格式和访问程序代码。

（3）浏览器开发商

对于浏览器开发商而言，遵守网页标准有利于提高新开发产品的通用性，更有利于产品的推广。

三、搜索页面的组成

搜索页面主要由标题和内容两部分组成。

1. 标题

搜索页面的标题部分主要显示页面的标题或内容部分的提示信息。

2. 内容

搜索页面的内容部分主要包括搜索内容、搜索设置、搜索按钮等。

搜索页面根据具体呈现效果需要会有一些差别。例如，第 45 届世界技能大赛网站设计与开发赛项中“V 酒店”搜索页面的标题部分是内容部分的提示信息“房间预订”，内容部分包括到达时间、离开时间、住宿天数、住宿成人数量、住宿儿童数量及检验，如图 1-1-2 所示。

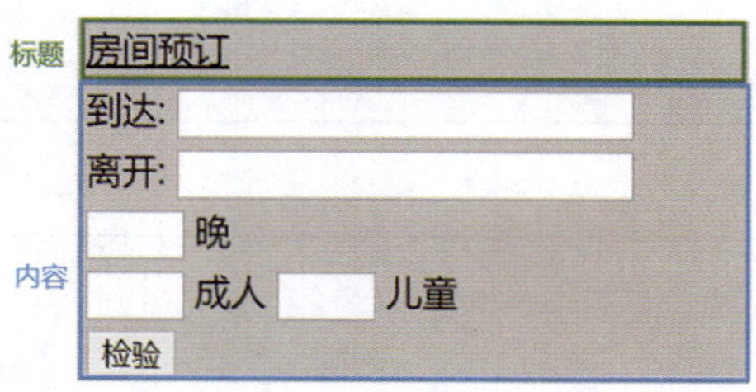

图 1-1-2　搜索页面的组成

四、规划页面的制作流程

1. 规划搜索页面

确定搜索页面的布局及内容，确定每个布局区域的大小和元素的尺寸。

2. 选择合适的制作工具

搜索页面的结构比较简单，内容较少，只需选择合适的网页编辑器即可。

3. 制作搜索页面

按照规划添加页面内容，修饰相应内容，并进行搜索页面的制作。

4. 预览搜索页面

使用网页浏览器预览搜索页面。

任务实施

1. 规划搜索页面

分析“V 酒店”搜索页面的网页效果图可知，搜索页面大体分为上、下两部分：上部为标题；下部为内容，包括到达时间、离开时间、住宿天数、住宿成人数量、住宿儿童数量及检验。

2. 选择合适的制作工具

搜索页面的结构比较简单，内容较少，主要选择合适的网页编辑器即可，如 Dreamweaver 等。

3. 制作搜索页面

（1）根据“V 酒店”搜索页面的网页效果图可知，页面大体结构如图 1-1-3 所示。

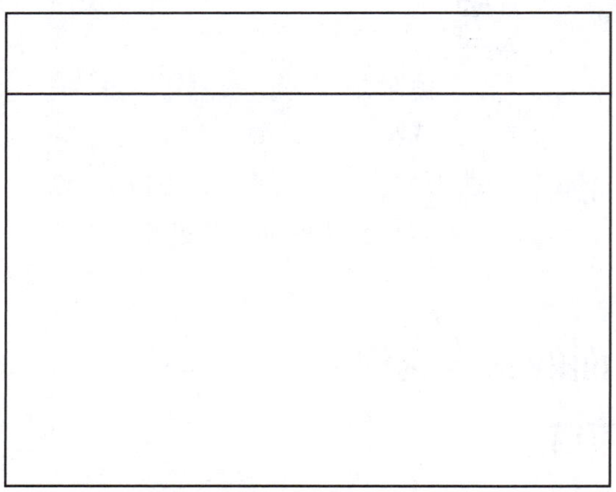

图 1-1-3　页面大体结构

（2）根据内容部分纵向分布的特征，可将其划分为五个子区域，如图 1-1-4 所示。

图 1-1-4　内容部分子区域划分

（3）标注每个组成部分的预估位置，如图 1-1-5 所示。

4. 预览搜索页面

使用网页浏览器预览搜索页面，如图 1-1-1 所示。

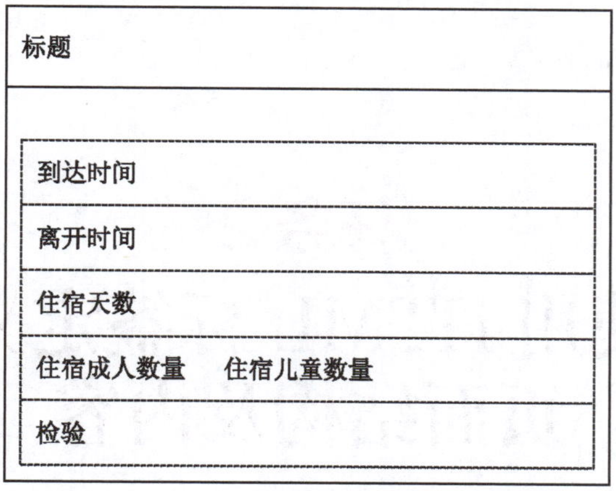

图 1-1-5　组成部分位置标注

工作评价

根据任务完成情况，进行学习任务综合评价，见表 1-1-1。

表 1-1-1　学习任务综合评价

<table>
<tr><th rowspan="2">考核项目</th><th rowspan="2">评价内容</th><th rowspan="2">配分（分）</th><th colspan="3">评价分数</th></tr>
<tr><th>自我评价</th><th>小组评价</th><th>教师评价</th></tr>
<tr><td rowspan="3">职业素养</td><td>安全意识和责任意识强，能遵守健康及安全标准</td><td>10</td><td></td><td></td><td></td></tr>
<tr><td>团队合作意识强，能与同学分享知识及专业资料</td><td>10</td><td></td><td></td><td></td></tr>
<tr><td>现场管理符合 8S 标准，能做好定期整理工作</td><td>10</td><td></td><td></td><td></td></tr>
<tr><td rowspan="2">专业能力</td><td>能复述 HTML 的基础知识</td><td>20</td><td></td><td></td><td></td></tr>
<tr><td>能复述主要的网页标准</td><td>20</td><td></td><td></td><td></td></tr>
<tr><td rowspan="2">工作成果</td><td>能分析页面结构</td><td>20</td><td></td><td></td><td></td></tr>
<tr><td>能正确规划页面的制作流程</td><td>10</td><td></td><td></td><td></td></tr>
<tr><td colspan="2">总分</td><td>100</td><td></td><td></td><td></td></tr>
<tr><td rowspan="2">综合评分</td><td>综合评分 = 自我评价 ×20%+ 小组评价 ×30%+ 教师评价 ×50%</td><td rowspan="2">教师（签名）：</td><td colspan="3" rowspan="2"></td></tr>
<tr><td></td></tr>
</table>

任务 2
使用 HTML 标签定义页面结构及内容

学习目标

1. 能列举 HTML 布局标签和内容标签。
2. 掌握 HTML 代码书写规范。
3. 能使用 HTML 标签定义页面结构及内容。
4. 能正确预览搜索页面。

任务描述

“V 酒店”搜索页面的布局结构已经确定，内容素材也已准备就绪，现需要 Web 前端设计师使用 HTML 标签定义页面结构及内容。具体要求如下：

1. 使用 HTML 标签创建页面的基本框架。
2. 使用 HTML 标签定义页面的布局结构。
3. 使用 HTML 标签定义页面的内容。
4. 预览搜索页面，验证 HTML 代码。

相关知识

一、HTML 布局标签

1. <html>

HTML 的文档标签是 <html>。<html> 与 </html> 标签限定了文档的开始点和结束点，在它们之间是文档的头部和主体。

小贴士

<html> 标签之前通常会有 <!DOCTYPE> 标签，用来声明 HTML 文档的解析类型（在 HTML 5.0 版本中，使用 <!DOCTYPE html> 进行文档解析类型声明）。DOCTYPE 标签是一种标准通用标记语言的文档类型声明，其目的是告诉标准通用标记语言解析器，它应该使用什么样的文档类型定义来解析文档。

页面如果有 DOCTYPE 的声明，<!DOCTYPE> 声明必须是 HTML 文档的第一行，位于 <html> 标签之前，浏览器使用 W3C 的标准解析并渲染页面。页面如果没有 DOCTYPE 的声明，浏览器则按照自己的方式解析并渲染页面，因此，在不同的浏览器中就会显示不同的样式。

2. <head>

HTML 的头部标签是 <head>，用于定义文档的头部。文档的头部描述了文档的各种属性和信息，包括文档的标题以及该文档和其他文档的关系等。

<head> 标签内包含了所有的头部标签元素，如脚本 script、样式文件 CSS 及各种 meta 信息等，head 元素中常用的标签见表 1-2-1。

表 1-2-1　head 元素中常用的标签

标签	说明
<title>	定义文档的标题
<base>	定义页面链接标签的默认链接地址
<link>	定义一个文档和外部资源之间的关系
<meta>	定义 HTML 文档中的元数据
<script>	定义客户端的脚本文件
<style>	定义 HTML 文档的样式内容

（1）<title>

<title> 标签用来定义 HTML 文档的标题。

浏览器通常把标题显示在浏览器窗口的标题栏或状态栏上。当把文档加入用户的链接列表、收藏夹或书签列表时，标题将成为该文档链接的默认名称。

（2）<base>

<base> 标签用来为页面上的所有链接规定默认链接地址或默认链接目标。

<base> 标签必须位于 head 元素内部。在 HTML 中，<base> 标签没有结束标签。

通常情况下，浏览器会从当前文档的 URL 中提取相应的元素来填写相对 URL 中的空白。使用 <base> 标签后，浏览器将不再使用当前文档的 URL，而使用指定的基本 URL 来解析所有的相对 URL。这其中包括 <a><img><link><form> 标签中的 URL。

（3）<link>

<link> 标签用来定义一个文档与外部资源之间的关系，最常见的用途是链接样式表。<link> 标签只能存在于 head 部分，不过它可以出现的次数不受限制。在 HTML 中，<link> 标签没有结束标签。

link 元素是空元素，它仅包含属性，常用的属性有 href、rel 和 type 等，见表 1-2-2。

表 1-2-2　<link> 标签常用的属性

属性	说明
href	规定被链接文档的位置。href 值通常为 CSS 文件的地址，一般以英文命名，如 style.css
rel	规定当前文档与被链接文档之间的关系。rel="stylesheet" 是 W3C 的标准，固定写法不可修改
type	规定被链接文档的 MIME（Multipurpose Internet Mail Extensions）类型。type="text/css" 是 W3C 的标准，固定写法不可修改

（4）<meta>

meta 元素用于页面的描述，不会显示在页面上，可提供有关页面的元信息（Meta Information），如针对搜索引擎和更新频度的描述和关键词，便于后台搜索、查找信息和分类使用。<meta> 标签只能存在于 head 元素内部，不包含任何内容。在 HTML 中，<meta> 标签没有结束标签。

<meta> 标签常用的属性有 content、http-equiv、name 和 charset 等，见表 1-2-3。

（5）<script>

<script> 标签用于定义客户端脚本，如 Java script。Java script 的常见应用是图像操作、表单验证以及动态内容更新。script 元素既可以包含脚本语句，又可以通过 src（Source）属性指向外部脚本文件。

表 1-2-3　<meta> 标签常用的属性

属性	说明
content	定义与 http-equiv 或 name 属性相关的元信息
http-equiv	把 content 属性关联到 HTTP 头部
name	把 content 属性关联到一个名称
charset	声明页面编码格式

（6）<style>

<style> 标签用于为 HTML 文档定义样式信息，位于 head 元素内部。在 style 中，可以规定在浏览器中如何呈现 HTML 文档。

<style> 标签必需的属性是 type。type="text/css" 是固定写法，是 W3C 的标准。

3. <body>

HTML 的主体标签是 <body>，在 <body> 和 </body> 中放置的是页面中的所有内容，如文字、图片、链接、表格和表单等。

【课堂练习 1–2–1】HTML 布局标签

```
<!DOCTYPE html>
<html>
    <head>
        <title> 网页标题 </title>
        <meta http-equiv="Content-Type" content="text/html; charset=utf-8">
        <link href="style.css" rel="stylesheet" type="text/css" />
    </head>
    <body>
        Hello World !
    </body>
</html>
```

4. <div>

<div> 标签可以把文档分割为独立的部分，可以定义文档中的分区或节，是一个块级元素。它可以用作严格的组织工具，并且不使用任何格式与其关联。换行

是 <div> 固有的唯一格式表现，它的内容自动地开始一个新行。可以通过 <div> 的 class 或 id 属性应用额外的样式。根据行业习惯，如果是格式显示（用于对信息进行外观表现的形式控制），建议使用 class 或 id 作为对后台或动态脚本语言的控制。

（1）<div> 通过 id 来引用 CSS 样式

<div> 通过 id 来引用 CSS 样式时，要在 <style> 与 </style> 之间用 “#” 声明样式。

```
<!DOCTYPE html>
<html>
<head>
<meta charset="utf-8"/>
<title>div 通过 id 引用 CSS 样式 </title>
<style>
#divcss{color:#00F; font-size:18px}
</style>
</head>
<body>
<div id="divcss">
id 引用时，style 中的样式用 “#” 声明。
</div>
</body>
</html>
```

（2）<div> 通过 class 来引用 CSS 样式

<div> 通过 class 来引用 CSS 样式时，要在 <style> 与 </style> 之间用 “.” 声明样式。

```
<!DOCTYPE html>
<html>
<head>
```

```
<meta charset="utf-8"/>
<title>div 通过 class 引用 CSS 样式 </title>
<style>
.divcss{color:#00F; font-size:18px}
</style>
</head>
<body>
<div class="divcss">
class 引用时，style 样式中用“.”声明。
</div>
</body>
</html>
```

二、HTML 内容标签

1. 文字与段落标签

HTML 中显示的文字主要包括普通文字、注释以及一些特殊符号等，常用的文字与段落标签见表 1-2-4。

表 1-2-4 常用的文字与段落标签

文字与段落标签	说明
<p>	定义一个段落，浏览器会自动地在段落的前、后添加空行，是块级元素
<span>	用来组合文档中的行内元素
 	换行，br 元素是一个空的 HTML 元素。由于关闭标签没有任何意义，因此，它没有结束标签
<h1>~<h6>	<h1>~<h6> 标签可定义标题。h1 元素具有最高等级，h6 元素具有最低等级
&nsbp;	空格符号
<!-- 注释内容 -->	注释

有些特殊符号和空格的表示方法类似，需要由“&”符号加上对应的名字，后面再加上“;”组成，见表 1-2-5。

表 1-2-5　特殊符号标签

特殊符号	符号代码
"	"
&	&
<	<
>	>
©	©

【课堂练习 1-2-2】文字与段落标签

```
<html>
    <head>
        <meta charset="utf-8"/>
        <title> 段落页面实例 </title>
    </head>
    <body>
        <!-- 这是一个单行注释 -->
        <h3> 标题内容 </h3>
        <p> 这是一个段落演示页面。</p>
        <p><span> 注意 :</span> 提示信息。</p>
    </body>
</html>
```

2. 图像标签

HTML 的图像标签是 <img>，用来在网页中插入图片。图像标签主要有 src、alt、height 和 width 等属性。

（1）src 属性

src 属性用来指明图像的来源，有相对路径和绝对路径两种写法，推荐使用相对路径写法。

相对路径是指由这个文件所在的路径引起的与其他文件或文件夹的路径关系。例如，“/”代表 Web 应用的根目录，类似于物理路径的相对表示，“./”代表当前目录，“../”代表上级目录。

绝对路径是文件或目录在硬盘上真正的路径。例如，“c:/Web/images/test.jpg”代表了 test.jpg 文件的绝对路径。

（2）alt 属性

alt 属性用来为图像定义一串预备的可替换的文本。在浏览器无法载入图像时，alt 属性告诉用户失去的信息。此时，浏览器将显示替代性的文本而不是图像。为页面上的图像都加上 alt 属性是个好习惯，这样有助于更好地显示信息，并且对于那些使用纯文本浏览器的用户来说是非常有用的。

（3）height、width 属性

height 与 width 属性用于设置图像的高度与宽度，属性值默认单位为像素。

【课堂练习 1-2-3】图像标签及属性

```
<html>
    <head>
        <meta charset="utf-8"/>
        <title> 图像标签实例 </title>
    </head>
    <body>
        <img src="images/test.jpg" alt=" 图片 1"/>
        <img src="c:/web/images/test.jpg" alt=" 图片 2" width="300" height="220"/>
    </body>
</html>
```

3. 表单标签

HTML 的表单标签是 <form>，表单在网页中是一个特殊的区域，是 HTML 页面与浏览器端实现交互的重要手段，用于收集不同类型的用户输入。<form> 标签属性见表 1-2-6。

<form> 标签还需要配合表单元素才能发挥作用，表单元素指的是不同类型的 input 元素、复选框、单选按钮、提交按钮等。

（1）<input> 标签

HTML 中的 <input> 标签是表单的输入标签，输入类型由 type 定义，例如，文本域、单选按钮、复选框等。type 属性值见表 1-2-7。

表 1-2-6　<form> 标签属性

属性	说明
name	名称
method	方法
action	动作
enctype	编码方式
target	目标

表 1-2-7　type 属性值

属性值	说明
text	单行文本框
button	按钮
password	密码文本框
file	文本域
checkbox	复选框
radio	单选按钮
submit	提交按钮
reset	重置按钮
hidden	隐藏域
image	图像按钮
number	数值文本框

1）单行文本框。type 属性值为 text 时定义为单行文本框，在其中可以输入文本内容。

单行文本框属性见表 1-2-8。

表 1-2-8　单行文本框属性

属性	说明
name	名称
maxlength	最大输入字符数
size	宽度
value	默认值

【课堂练习 1–2–4】单行文本框及属性

```
<input type="text" size="30" name="email">
```

2）密码文本框。type 属性值为 password 时定义为密码文本框，输入的文字均以星号或圆点显示。密码文本框属性见表 1-2-9。

表 1-2-9　密码文本框属性

属性	说明
name	名称
maxlength	最大输入字符数
size	宽度
value	默认值

【课堂练习 1–2–5】密码文本框及属性

```
<input name="file_name" size="10" type="password"/>
```

3）复选框。type 属性值为 checkbox 时定义为复选框。复选框允许用户在一定数目的选择中选取一个或多个选项。

【课堂练习 1–2–6】复选框

```
<input type="checkbox" name="vehicle" value="checkbox1">checkbox1</input>
<input type="checkbox" name="vehicle" value="checkbox2">checkbox2</input>
```

4）单选按钮。type 属性值为 radio 时定义为单选按钮。单选按钮允许用户选取给定数目的选择中的一个选项。注意一组单选按钮的 name 属性值必须相同，这样才能实现单选。

【课堂练习 1–2–7】单选按钮

```
<input type="radio" name="sex" value="male">Male</input>
<input type="radio" name="sex" value="female">Female</input>
```

5）数值文本框。type 属性值为 number 时定义为数值文本框，输入的内容只能包含数字。数值文本框属性见表 1-2-10。

表 1-2-10　数值文本框属性

属性	说明
max	规定允许的最大值
min	规定允许的最小值
step	规定合法的数字间隔（如果 step="3"，则合法的数是 -3、0、3、6 等）
value	规定默认值

【课堂练习 1-2-8】数值文本框及属性

```
<input type="number" name="points" min="1" max="10"/>
```

6）按钮。type 属性值为 button 时定义为按钮，用于触发页面事件。type 属性值为 submit 时定义为提交按钮，用于提交表单。type 属性值为 reset 时定义为重置按钮，用于重置表单中的所有数据。

【课堂练习 1-2-9】按钮、提交按钮、重置按钮

```
<input type="button"/>
<input type="submit"/>
<input type="reset"/>
```

（2）<label> 标签

<label> 标签通常和 <input> 标签一起使用，为 input 元素定义标注。

<label> 标签为鼠标用户改进了可用性，当用户单击 <label> 标签中的文本时，浏览器就会自动将焦点转到和该标签相关联的控件上。例如，<label> 标签在单选按钮和复选框上被使用后，单击单选按钮或复选框的文本就可以选中单选按钮或复选框。

<label> 标签主要有 for 和 form 两个属性。for 属性可把 label 绑定到另外一个元素。for 属性应当与相关元素的 id 属性相同。当 <label> 标签不在表单标签 <form> 中时，就需要使用 form 属性来指定所属表单。语法格式如下：

<label for=" 关联控件的 id" form=" 所属表单 id 列表 "> 文本内容 </label>

【课堂练习 1-2-10】<label> 标签

```
<form>
  <label for="name"> 姓名：</label>
```

```
    <input type="input" name="name" id="name"/>
    <br/>
    <label for="password"> 密码：</label>
    <input type="input" name="password" id="password"/>
</form>
```

（3）<button> 标签

<button> 标签定义一个按钮，在 button 元素内部可以放置内容，如文本或图像。这是该元素与使用 input 元素创建的按钮之间的不同之处。

<button> 控件与 <input type="button"> 相比，提供了更为强大的功能和更丰富的内容。<button> 与 </button> 标签之间的所有内容都是按钮的内容，其中包括任何可接收的正文内容，如文本或多媒体内容。

【课堂练习 1–2–11】<button> 标签

```
<button> 确定 </button>
```

4. 超链接标签

HTML 的超链接标签是 <a> 标签，用来定义超链接，包括外部链接和内部链接、空链接和锚点链接。<a> 标签中有一个默认的属性 href，用于指定链接目标地点的位置。<a> 标签属性见表 1-2-11。

表 1-2-11　<a> 标签属性

属性	说明
href	指向的链接地址
title	给链接命名
target	_parent，在上一级窗口中打开链接页面
	_blank，在新窗口中打开链接页面
	_self，在同一窗口中打开链接页面，属于默认值
	_top，在浏览器的整个窗口中打开链接页面，忽略框架

（1）外部链接

外部链接是指从一个单独的站点上，通过外部链接来指向并访问不属于该站点的网页。外部链接表见表 1-2-12。

表 1-2-12　外部链接表

服务	URL 格式	说明
WWW	http://	进入万维网站点
FTP	ftp://	进入文件传输服务器
Telnet	telnet://	启动 telnet 方式
e-mail	mailto://	启动邮件

（2）内部链接

内部链接是指在一个单独的站点内，通过内部链接来指向并访问属于该站点内的网页。

（3）空链接

在链接中，可以通过“#”符号实现空链接。空链接是指光标指向链接后将变成手形，但单击链接后，仍然停留在当前页面。

（4）锚点链接

在浏览页面时，如果内容较多，会导致页面过长，需要不断拖拉滚动条才能看清所有内容，这样很不方便。这时如果能在该网页上建立目录，浏览者单击目录上的项目就能自动跳到网页相应的位置进行阅读，并且还可以在页面中设定诸如“返回页首”之类的链接，这些功能被称为锚点链接。

【课堂练习 1-2-12】<a> 标签练习

```
<a href="http://www.baidu.com"> 外部链接 </a><br>
<a href=" 项目一任务三 .html"> 内部链接 </a><br>
<a href="#"> 空链接 </a><br>
<a name="bookmark name"> 锚点文字信息 </a><br>
<a href="#bookmark name"> 单击此处跳往锚点 </a>
```

<a> 标签效果图如图 1-2-1 所示。

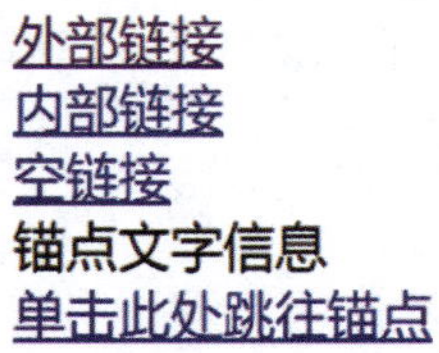

外部链接
内部链接
空链接
锚点文字信息
单击此处跳往锚点

图 1-2-1　<a> 标签效果图

三、HTML 代码书写规范

HTML 代码书写规范能够使 HTML 代码风格保持一致，使 HTML 更容易理解和维护。

文档类型声明位于 HTML 文档的第一行，也可以与其他标签一样使用小写，示例代码如下：

```
<!DOCTYPE html>
```

或

```
<!doctype html>
```

1. 元素名和属性名

小写字母容易编写，风格看起来更加清爽。同时使用大小写是非常不好的习惯，推荐元素名和属性名使用小写字母。

2. 属性值

如果属性值含有空格，则必须使用引号，否则不能起作用。另外，属性值使用引号更易于阅读。为了统一风格，推荐属性值使用引号。

3. 标签关闭

建议每个元素都要添加关闭标签。如 <p> 元素，示例代码如下：

```
<p> 这是一个段落。</p>
```

4. 代码长度

使用 HTML 编辑器，每行代码尽量少于 80 个字符，以免一行代码过长，导致需要左右滚动代码，不利于编辑或阅读代码。

5. 空行和缩进

为每个逻辑功能块添加空行，这样更易于阅读。

缩进使用两个空格，不建议使用 TAB。

比较短的代码之间不要使用不必要的空行和缩进。

6. 代码结构

代码采用树形结构，有助于提高可读性，避免冗余嵌套。

7. 注释方式

书写注释便于程序协作开发及后期维护。注意浮动的地方不要加注释，避免导致布局错位等问题。示例代码如下：

```
<!-- 这是一个单行注释 -->
<!--
  这是一个多行注释或评论。这是一个多行注释或评论。这是一个多行注释或评论。
  这是一个多行注释或评论。这是一个多行注释或评论。这是一个多行注释或评论。
-->
```

任务实施

1. 使用 HTML 标签定义页面的基本结构

代码如下：

```
<html>
    <head>
        <meta http-equiv="Content-Type" content="text/html; charset=utf-8"/>
        <title>V 酒店搜索页面 </title>
    </head>
    <body>
    </body>
</html>
```

页面结构效果图如图 1-2-2 所示。

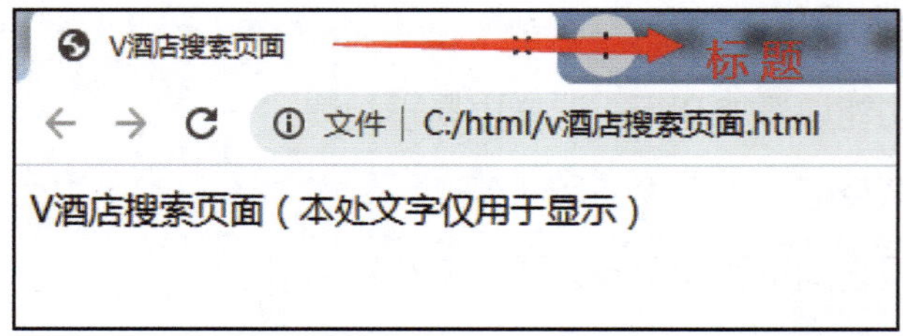

图 1-2-2　页面结构效果图

小贴士

中文网页的编码一般使用 GB 2312，表示简体中文编码。如果网页中出现乱码的现象，一般是由使用错误的字符集造成的。

2. 使用 HTML 标签定义页面的布局结构

（1）定义 body 部分，代码如下：

```
<body>
    <header> </header>
</body>
```

（2）定义 header 部分，代码如下：

```
<header>
    <div>
        <div></div>
        <div></div>
        <div></div>
        <div></div>
        <div></div>
    </div>
</header>
```

3. 使用 HTML 标签定义页面的内容

```
<header>
     <div class="header">
        <div> <h3> 房间预订 </h3>
            <div role="form">
                <div class="form-group">
                    <label for="arrival"> 到达 :</label>
                    <input type="text" id="arrival">
```

```
            </div>
            <div class="form-group">
                <label for="departure"> 离开 :</label>
                <input type="text" id="departure">
            </div>
            <div class="form-group">
                <input type="number" max="5" min="0" id="nights">
                <label for="nights"> 晚 </label>
            </div>
            <div class="form-group">
                <input type="number" max="5" min="0" id="adults">
                <label for="adults"> 成人 </label>
                <input type="number" max="5" min="0" id="children">
                <label for="children"> 儿童 </label>
            </div>
            <div class="form-group" role="button">
                <button> 检验 </button>
            </div>
        </div>
    </div>
  </div>
</header>
```

4. 预览搜索页面，验证 HTML 代码

将页面保存为“index.html”，然后在浏览器中打开进行预览，预览效果图如图 1-2-3 所示。

房间预订

到达:

离开:

晚

成人 儿童

检验

图 1-2-3 预览效果图

工作评价

根据任务完成情况，进行学习任务综合评价，见表 1-2-13。

表 1-2-13 学习任务综合评价

<table>
<tr><th rowspan="2">考核项目</th><th rowspan="2">评价内容</th><th rowspan="2">配分（分）</th><th colspan="3">评价分数</th></tr>
<tr><th>自我评价</th><th>小组评价</th><th>教师评价</th></tr>
<tr><td rowspan="3">职业素养</td><td>安全意识和责任意识强，能遵守健康及安全标准</td><td>10</td><td></td><td></td><td></td></tr>
<tr><td>团队合作意识强，能与同学分享知识及专业资料</td><td>10</td><td></td><td></td><td></td></tr>
<tr><td>现场管理符合 8S 标准，能做好定期整理工作</td><td>10</td><td></td><td></td><td></td></tr>
<tr><td rowspan="2">专业能力</td><td>能复述 HTML 标签及属性</td><td>20</td><td></td><td></td><td></td></tr>
<tr><td>会使用 HTML 标签及属性</td><td>20</td><td></td><td></td><td></td></tr>
<tr><td rowspan="2">工作成果</td><td>能使用 HTML 标签定义“V 酒店”搜索页面结构及内容</td><td>20</td><td></td><td></td><td></td></tr>
<tr><td>能正确进行页面效果预览</td><td>10</td><td></td><td></td><td></td></tr>
<tr><td colspan="2">总分</td><td>100</td><td></td><td></td><td></td></tr>
<tr><td rowspan="2">综合评分</td><td>综合评分 = 自我评价 ×20%+ 小组评价 ×30%+ 教师评价 ×50%</td><td rowspan="2">教师（签名）:</td><td colspan="3" rowspan="2"></td></tr>
<tr><td></td></tr>
</table>

任务 3
使用 CSS 布局页面

学习目标

1. 能叙述 CSS 的概念和作用。
2. 能列举 CSS 的引入方式。
3. 能引入 CSS 进行页面布局。
4. 能正确预览搜索页面。

任务描述

“V 酒店”搜索页面结构已经定义完毕，内容素材也已添加完成，现需要 Web 前端设计师使用 CSS 控制 HTML 标签，修饰页面布局。具体要求如下：

1. 引入 CSS 文件实现页面布局。
2. 预览搜索页面，验证 CSS 代码。

相关知识

一、CSS 的概念及作用

1. CSS 的概念

层叠样式表 CSS 是“Cascading Style Sheets”的英文缩写，是一种用来表现 HTML 或 XML 等文件样式的计算机语言。

2. CSS 的作用

CSS 的作用主要有以下几点：

（1）CSS 可以精确控制网页中元素位置的排版、内容形式和像素的级别，实现美化网页的效果。

（2）CSS 可以通过多套样式使网页有任意样式切换的效果。

（3）CSS 可以静态地修饰网页，还可以配合各种脚本语言动态地对网页各元素进行格式化。

（4）CSS 简化了网页的格式代码，可以使网页结构与样式分离，便于网页的后期维护与改版。

（5）CSS 的外部样式表可以被浏览器保存在缓存里，能够加快下载显示的速度，并且减少需要上传的代码数量。

二、CSS 的引入方式

CSS 的引入方式主要有内联式引入、嵌入式引入和外联式引入三种。

1. 内联式引入

内联式引入是指把 CSS 代码直接写在现有的 HTML 标签的 style 属性中，CSS 样式只应用于当前标签元素。这种引入方式将网页表现和内容放在一起，会损失掉 CSS 的许多优势，且该引入方式不符合 W3C 标准，除非是邮件型广告页面，一般不推荐使用。

【课堂练习 1–3–1】内联式引入单个 CSS 样式

```
<p style="color:red"> 设置文字的颜色为红色 </p>
```

单个 CSS 样式效果图如图 1–3–1 所示。

设置文字的颜色为红色

图 1–3–1　单个 CSS 样式效果图

如果有多个 CSS 样式设置，可以将代码一起写在 style 属性中，中间用分号隔开。

【课堂练习 1–3–2】内联式引入多个 CSS 样式

```
<p style="color:red; font-size:28px"> 设置字体颜色为红色，并且字体大小为 28px</p>
```

多个 CSS 样式效果图如图 1–3–2 所示。

设置字体颜色为红色，并且字体大小为28px

图 1-3-2　多个 CSS 样式效果图

2. 嵌入式引入

嵌入式引入是指在 HTML 头部中的 <style> 和 </style> 标签之间添加 CSS 代码，可以同时应用于多个相同标签元素。例如，若要将某个标签内的内容字体都调整为蓝色，字体大小都调整为 14px，只需要修改 <style> 和 </style> 之间的 CSS 代码。

【课堂练习 1-3-3】嵌入式引入 CSS 样式

```
<html>
<head>
<style type="text/css">
p {
    font-size:14px;
    color: #354FCA;
}
</style>
</head>
<body>
<p> 设置字体颜色为蓝色，并且字体大小为 14px</p>
<p> 设置字体颜色为蓝色，并且字体大小为 14px</p>
</body>
</html>
```

嵌入式引入效果图如图 1-3-3 所示。

设置字体颜色为蓝色，并且字体大小为14px

设置字体颜色为蓝色，并且字体大小为14px

图 1-3-3　嵌入式引入效果图

3. 外联式引入

外联式引入是将 CSS 代码写在一个单独的外部文件中，这个 CSS 样式文件以

“.css”为扩展名，可以在任何文本编辑器中进行编辑。外联式引入方式一方面可以做到代码分离，有助于后期的修改维护；另一方面可以减少页面代码的冗余，有助于优化。

外联式引入方式通过在 <head> 和 </head> 之间使用 <link> 标签，将 CSS 样式文件链接到 HTML 文件内，适用于将样式应用到很多页面的情况。可以通过改变一个 CSS 文件来改变整个站点的外观。

【课堂练习 1-3-4】外联式引入 CSS 样式

HTML 代码

```
<html>
    <head>
        <link href="style.css" rel="stylesheet" type="text/css">
    </head>
    <body>
        <p> 设置字体颜色为蓝色，并且字体大小为 28px</p>
        <p> 设置字体颜色为蓝色，并且字体大小为 28px</p>
    </body>
</html>
```

CSS 代码

```
p {
    font-size:14px;
    color:#354FCA;
}
```

外联式引入效果图如图 1-3-4 所示。

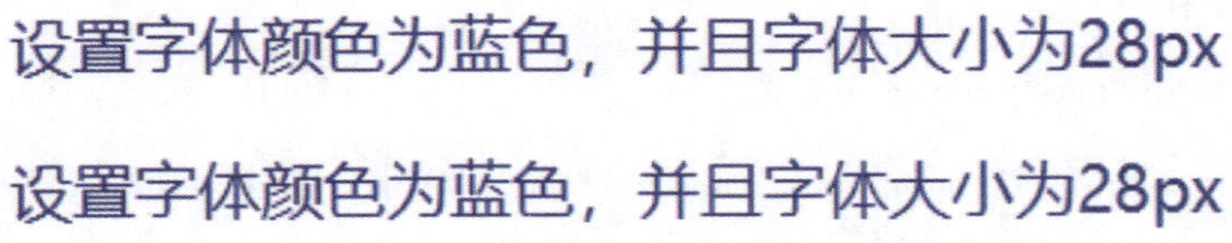

设置字体颜色为蓝色，并且字体大小为28px

设置字体颜色为蓝色，并且字体大小为28px

图 1-3-4 外联式引入效果图

任务实施

1. 引入 CSS 文件实现页面布局

在 CSS 文件夹中找到 index.css 的样式文件，并引入 index.html 文件中，在 html 页面中进行 CSS 样式的引用。

```
<!DOCTYPE html>
<html>
<head>
<meta http-equiv="Content-Type" content="text/html; charset=utf-8"/>
<title>V 酒店搜索页面 </title>
<link href="css/index.css" rel="stylesheet"/>                    <!-- 引入 CSS 样式文件 -->
</head>
<body>
    <header>
        <div class="header">
            <div> <h3> 房间预订 </h3>
                <div role="form">
                    <div class="form-group">
                        <label for="arrival"> 到达 :</label>
                        <input type="text" id="arrival">
                    </div>
                    <div class="form-group">
                        <label for="departure"> 离开 :</label>
                        <input type="text" id="departure">
                    </div>
                    <div class="form-group">
                        <input type="number" max="5" min="0" id="nights">
                        <label for="nights"> 晚 </label>
                    </div>
```

```
                <div class="form-group">
                    <input type="number" max="5" min="0" id="adults">
                    <label for="adults"> 成人 </label>
                    <input type="number" max="5" min="0" id="children">
                    <label for="children"> 儿童 </label>
                </div>
                <div class="form-group" role="button">
                    <button> 检验 </button>
                </div>
            </div>
        </div>
    </div>
    </header>
</body>
</html>
```

CSS 文件 index.css 中的样式代码如下：

```
@charset "UTF-8";
/* header styles */
.header {
    position: relative;
    height: 27px;
    line-height: 27px;
    margin-bottom: 46px;
}
.header > div {
    background-color: #CCC;
    position: absolute;
    right: 0;
```

```
    width: 300px;
    z-index: 2;
}
h3 {
    background-color: #CCC;
    padding-left: 4px;
    line-height: 27px;
    color: #000;
    display: block;
}
/* Form rotate animation */


.form-group {
    padding-left: 4px;
    background-color: #CCCCCC;
    line-height: 27px;
}
.form-group input[type=number] {
    width: 40px;
}
.form-group input[type=text] {
    width: 200px;
}
.form-group button {
    font-family: Vollkorn, sans-serif;
    border: 1px solid #c2c2c2;
    background-color: #EFEFEF;
}
```

2. 预览搜索页面，验证 CSS 代码

在浏览器中打开搜索页面文件 index.html 进行预览，预览正常显示，效果图如图 1-3-5 所示。

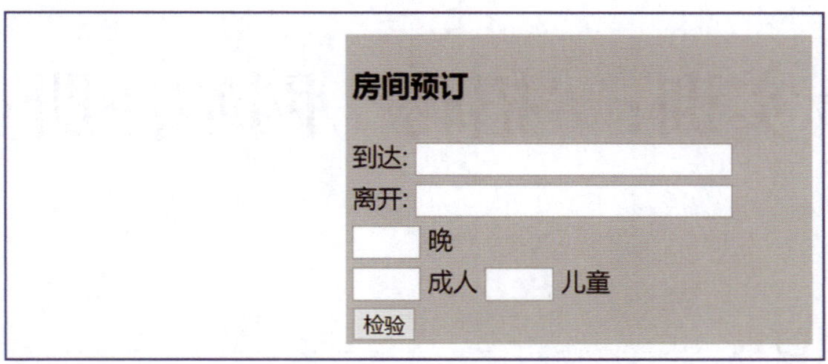

图 1-3-5　搜索页面布局预览效果图

工作评价

根据任务完成情况，进行学习任务综合评价，见表 1-3-1。

表 1-3-1　学习任务综合评价

<table>
<tr><th rowspan="2">考核项目</th><th rowspan="2">评价内容</th><th rowspan="2">配分（分）</th><th colspan="3">评价分数</th></tr>
<tr><th>自我评价</th><th>小组评价</th><th>教师评价</th></tr>
<tr><td rowspan="3">职业素养</td><td>安全意识和责任意识强，能遵守健康及安全标准</td><td>10</td><td></td><td></td><td></td></tr>
<tr><td>团队合作意识强，能与同学分享知识及专业资料</td><td>10</td><td></td><td></td><td></td></tr>
<tr><td>现场管理符合 8S 标准，能做好定期整理工作</td><td>10</td><td></td><td></td><td></td></tr>
<tr><td rowspan="2">专业能力</td><td>能复述 CSS 的概念和作用</td><td>20</td><td></td><td></td><td></td></tr>
<tr><td>能复述 CSS 的引入方式</td><td>20</td><td></td><td></td><td></td></tr>
<tr><td rowspan="2">工作成果</td><td>能使用 CSS 布局“V 酒店”搜索页面</td><td>20</td><td></td><td></td><td></td></tr>
<tr><td>能正确进行页面效果预览</td><td>10</td><td></td><td></td><td></td></tr>
<tr><td colspan="2">总分</td><td>100</td><td></td><td></td><td></td></tr>
<tr><td rowspan="2">综合评分</td><td>综合评分 = 自我评价 ×20%+ 小组评价 ×30%+ 教师评价 ×50%</td><td rowspan="2">教师（签名）:</td><td rowspan="2" colspan="3"></td></tr>
<tr><td></td></tr>
</table>

任务 4
综合实训："招聘"网站注册页面

学习目标

1. 能分析页面布局结构。
2. 能使用 HTML 标签定义页面。
3. 能引入 CSS 进行页面布局和简单美化。
4. 能正确进行页面效果预览。

任务描述

"招聘"网站注册页面的设计效果图已经确定，如图 1-4-1 所示，内容素材也已准备就绪，现需要 Web 前端设计师完成页面的制作。具体要求如下：

1. 分析页面布局结构。

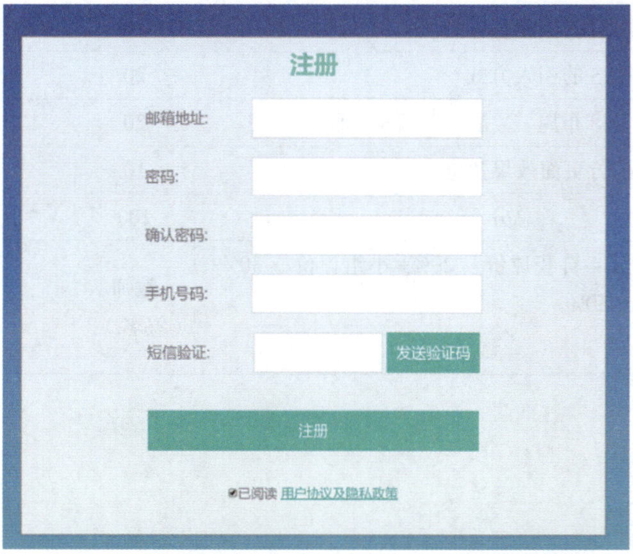

图 1-4-1　设计效果图

2. 使用 HTML 标签定义页面。
3. 引入 CSS 进行页面布局和简单美化。
4. 进行页面效果预览。

任务实施

1. 分析页面布局结构

根据设计效果图，进行网页总体结构划分，如图 1-4-2 所示。

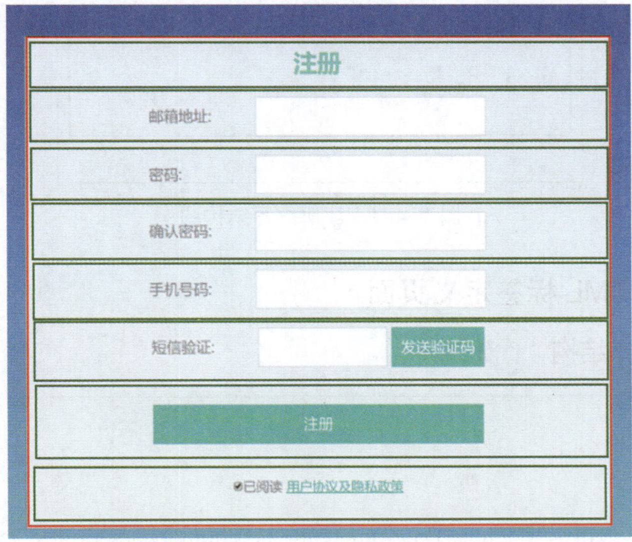

图 1-4-2　网页总体结构划分

整个注册页面的内容主要集中在一个区域，如图 1-4-3 所示。

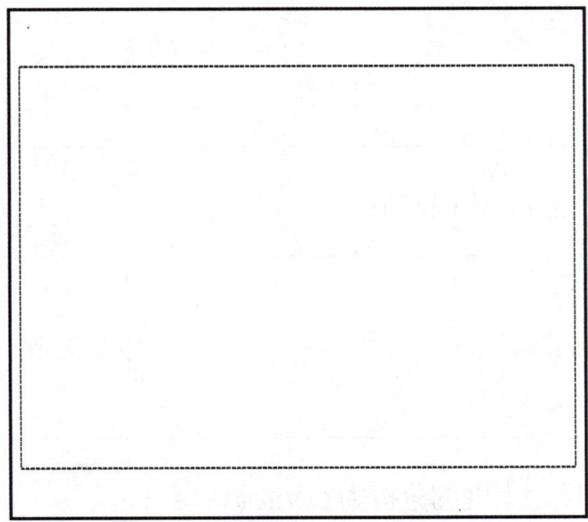

图 1-4-3　注册页面内容区域

根据注册内容呈现效果，可以将页面内容区域划分为八个子区域，如图 1-4-4 所示。

图 1-4-4　注册内容结构图

2. 使用 HTML 标签定义页面

（1）定义基本结构，代码如下：

```
<html>
    <head>
        <meta http-equiv="Content-Type" content="text/html; charset=utf-8"/>
        <title> 招聘求职网站注册 </title>
    </head>
    <body>
    </body>
</html>
```

（2）定义 body 部分，代码如下：

```
<body>
    <div class="container"></div>                    <!-- 定义 container-->
</body>
```

主体部分的布局按照上面的分析为 container 部分。

（3）定义 container 中的内容，代码如下：

```
<div class="container">
<div class="register"><!-- 表单区域 -->
   <h1> 注册 </h1><!-- 标题文字 -->
  <div>
      <span> 邮箱地址 :</span>                                  <!-- 提示文字 -->
      <input id="email" type="email" value="">                  <!-- 文本框 -->
   </div>
   <div>
      <span> 密码 :</span>
      <input id="password" type="password" value="">            <!-- 密码框 -->
    </div>
    <div>
      <span> 确认密码 :</span>
      <input id="confirmpwd" type="password" value="">
   </div>
    <div>
      <span> 手机号码 :</span>
      <input id="phone" type="text" value="">
   </div>
    <div>
      <span> 短信验证 :</span>
      <input id="img" type="text" value="">
      <button class="btnsend"> 发送验证码 </button>             <!-- 按钮 -->
   </div>
    <div>
      <button class="btnreg"> 注册 </button>
   </div>
    <div class="read">
```

```
        <input id="isread" type="checkbox" checked="checked">  <!-- 已阅读 多选框 -->
        <a href="#"> 用户协议及隐私政策 </a><!-- 超链接 -->
    </div>
</div>
</div>
```

container 中需要使用控件，所以先要添加 <form> 表单；提示文字使用 <span> 标签来控制布局；<input> 标签根据不同的需要，设置不同的 type 属性，这里使用 text、email、password、checkbox 四个值。复选框中的钩是初始存在的，所以需要对 checkbox 设置 checked 属性。为了方便后续读取用户数据，对所有的控件都设置 id 属性。

HTML 标签定义注册页面效果图如图 1-4-5 所示。

注册

邮箱地址:
密码:
确认密码:
手机号码:
短信验证:
发送验证码
注册
☑ 已阅读 用户协议及隐私政策

图 1-4-5 HTML 标签定义注册页面效果图

3. 引入 CSS 进行页面布局和简单美化

（1）引入通用样式，代码如下：

```
*{                                          /* 设置所有标签 */
    padding: 0;                             /* 设置内边距 */
    margin: 0;                              /* 设置外边距 */
}
.clear{
    clear: both;                            /* 设置清除浮动 */
}
```

（2）引入 container 中的样式，代码如下：

```
.container{                                     /*container 布局设置 */
    background-image: -webkit-linear-gradient（top,#3e72d2 0,#77bdd1 100%）;
    padding:40px;
}
.register{/* 设置表单样式 */
    background: rgba（255,255,255,0.9）;        /* 设置背景 */
    margin: 0 45px;                             /* 设置外边距 */
    padding: 1px 40px;                          /* 设置内边距 */
    height: 525px;                              /* 设置高度 */
    border: 1px solid #abacaf;                  /* 设置边框样式 */
    text-align: center;                         /* 设置对齐方式 */
}
.register input{                                /* 设置输入框样式 */
    font-size: 16px;                            /* 设置字体大小 */
    width: 45%;
    height: 40px;
    margin: 10px 0;
    border: 1px solid #e3e7ed;
}
#message{                                       /* 设置 id 为 message 的输入框样式 */
    width: 25%;
}
.read{                                          /* 设置 read 区域样式 */
    font-size: 14px;
    color: #9fa3b0;
}
.read a{                                        /* 设置 read 区域超链接样式 */
    color: #53cac3;
```

```
    text-decoration:underline;
}
.read input{                                /* 设置 read 区域输入框样式 */
    width: 10px;
    height: 10px;
}
.register span{                             /* 设置 register 中文本域的样式 */
    color: #9fa3b0;
    width: 20%;
    display: inline-block;
    text-align:left;                        /* 设置文本对齐方式为左对齐 */
}
.register h1{                               /* 设置 register 中标题的样式 */
    font-size: 26px;
    padding: 10px;
    color: #85d5c8;
}
.register button{                           /* 设置 register 中按钮的样式 */
    background: #53cac3;
    color: white;
    font-size: 16px;
    height: 42px;
    line-height: 42px;
    border: none;
}
.btnsend                                    /* 设置 btnsend 按钮的样式 */
{
    width:100px;
}
```

```
.btnreg                                   /* 设置 btnreg 按钮的样式 */
{
    width:65%;
    margin:30px 0;
}
```

register 中的前 4 个输入框大小一致，所以直接对 <input> 标签重定义样式，最后一个输入框宽度不同，所以单独定义一个 message 样式。

<span> 标签的宽度是依据内容的宽度而定的，单独设置宽度无效果，需要将 display 属性设置为 inline-block 后，才可以设定其宽度。

btnsend 和 btnreg 两个按钮有很多属性值是相同的，所以先对 register 中的 <button> 标签定义属性相同的部分，然后再分别定义不同的样式。

read 区域中的超链接有下划线，而默认的 <a> 标签是没有下划线的，所以需要单独设置样式。

4. 进行页面效果预览

页面效果预览如图 1-4-6 所示。

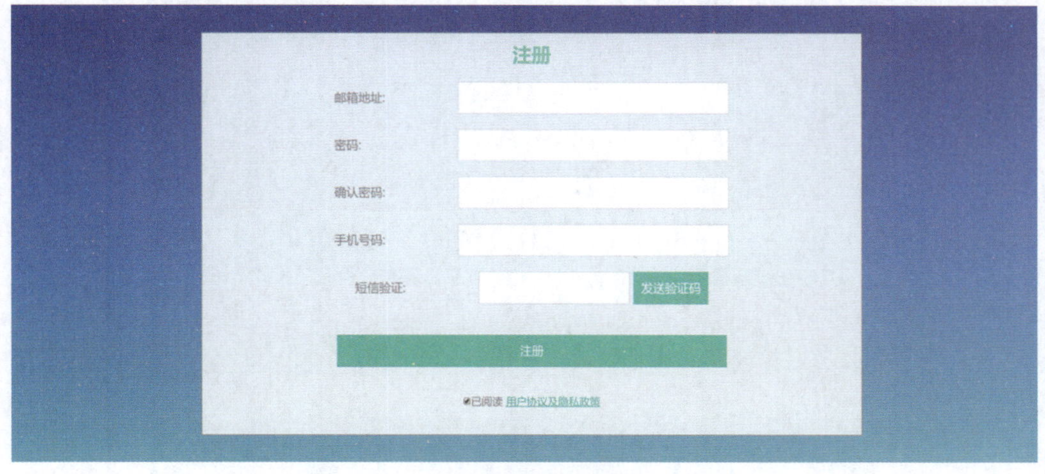

图 1-4-6　页面效果预览

工作评价

根据任务完成情况，进行学习任务综合评价，见表 1-4-1。

表 1-4-1 学习任务综合评价

考核项目	评价内容	配分（分）	评价分数		
			自我评价	小组评价	教师评价
职业素养	安全意识和责任意识强，能遵守健康及安全标准	10			
	团队合作意识强，能与同学分享知识及专业资料	10			
	现场管理符合 8S 标准，能做好定期整理工作	10			
专业能力	能合理分析和规划注册页面	10			
	能使用 HTML 标签定义页面	20			
	能引入 CSS 布局和简单美化页面	20			
	能正确进行页面效果预览	10			
工作成果	能正确完成“招聘”网站注册页面的制作	10			
总分		100			
综合评分	综合评分 = 自我评价 ×20%+ 小组评价 ×30%+ 教师评价 ×50%	教师（签名）:			

项目二 “V 酒店”内容页面布局

企业网站中的内容页面包含了企业详情、企业环境、产品服务等多方面的内容，合理的内容页面布局，更能吸引客户的关注，为企业展示形象和宣传提供帮助。为了扩大企业影响力和为用户提供更便捷的服务，“V 酒店”计划对现有网站的内容页面进行改版。

任务 1
分析任务与规划页面

学习目标

1. 能叙述内容页面的概念。
2. 能列举内容页面的组成和布局结构。
3. 能规划内容页面的制作流程。

任务描述

“V 酒店”为了更好地展示企业形象和宣传企业业务，计划对现有网站的页面进行改版。为了后续开发工作的顺利开展，现要求网站的 Web 前端开发工程师根据网页效果图进行页面规划，内容页面的网页效果图如图 2-1-1 所示。对内容页面的规划要求具体如下：

1. 明确内容页面的组成。
2. 选择合适的布局结构。
3. 明确内容页面的制作流程。

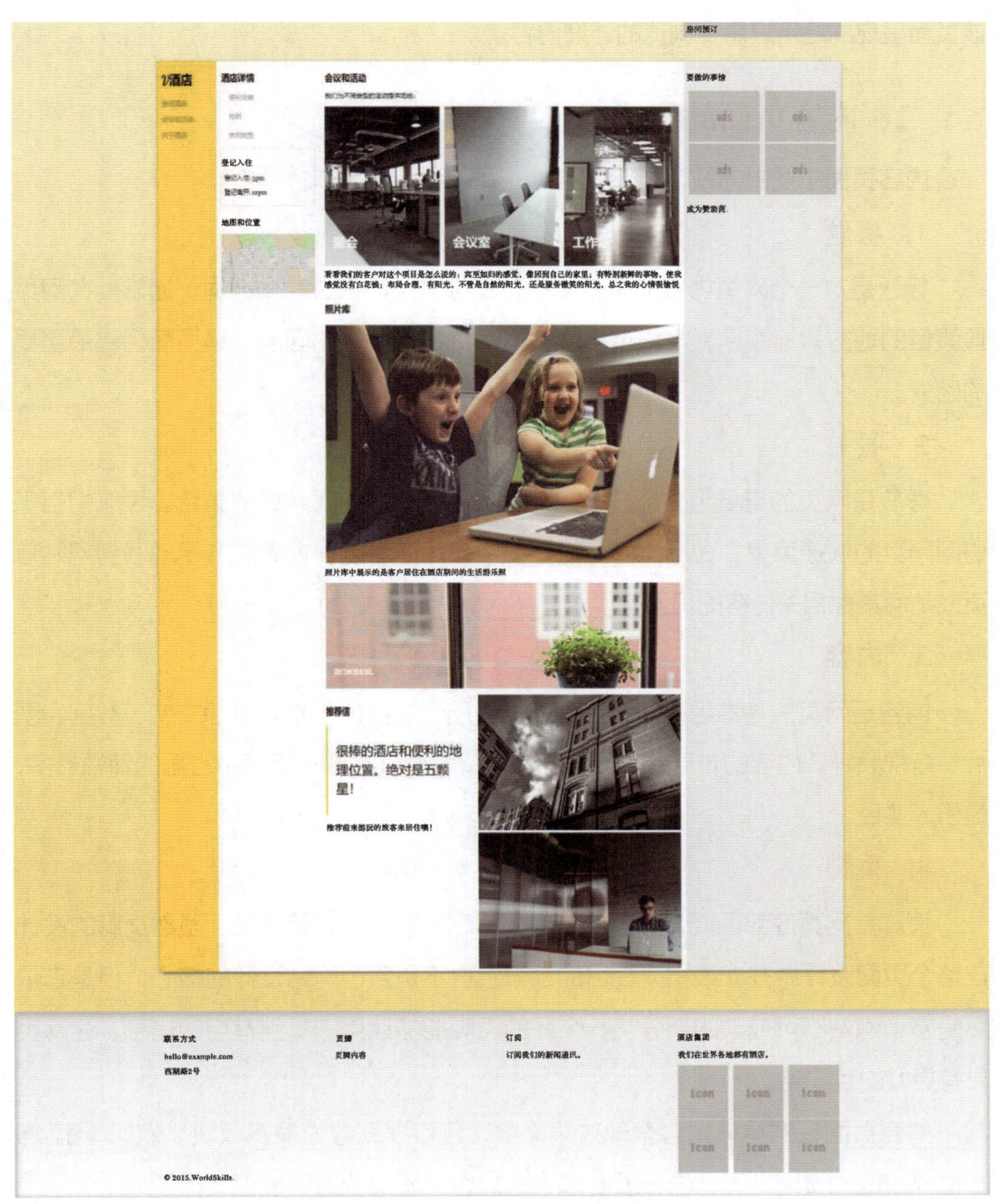

图 2-1-1　内容页面的网页效果图

相关知识

一、内容页面的概念

内容页面又可以称为详细资料页面，它是用户通过查找或选择而打开的网页，该页面呈现的是用户需要浏览的详细内容。

二、内容页面的组成

内容页面主要由标题、导航、内容、页脚等版块组成。

1. 标题

标题是对一个网页内容的高度概括，包含网页最核心的关键词，通常处在网页最醒目的地方。标题是影响网页搜索关键词排名最直接的因素，是页面优化最重要的因素。

2. 导航

导航是网页的重要组成部分，是网页各栏目内容访问入口的集合。导航相当于访问网页的快捷菜单。在浏览网站的过程中，用户可以根据导航方便地回到网站首页或访问其他相关内容的页面。

3. 内容

内容是网页的基本组成部分，是网页要展示的具体信息，包括文字、数据、图片、音视频等。内容的布局是整个页面布局的核心，在整个页面中占据的篇幅最多，最引人注目。

4. 页脚

页脚是网页底部区域，通常包含版权信息、联系方式等信息。虽然页脚的设计在整个页面设计中并非最引人注目的部分，也不是整个网站设计的核心，但是它依然是整个网站不可或缺的部分。一个好的页脚能够让用户找到有用的信息，让网页具有更好的互动感。

内容页面根据具体内容呈现效果需要，还可以细分为很多版块。例如，第 45 届世界技能大赛网站设计与开发赛项中的内容页面细分为下拉栏、标题导航、子导航、会议和活动、地图和位置、登记、要做的事情、照片库、推荐信、页脚、版权等版块，如图 2-1-2 所示。

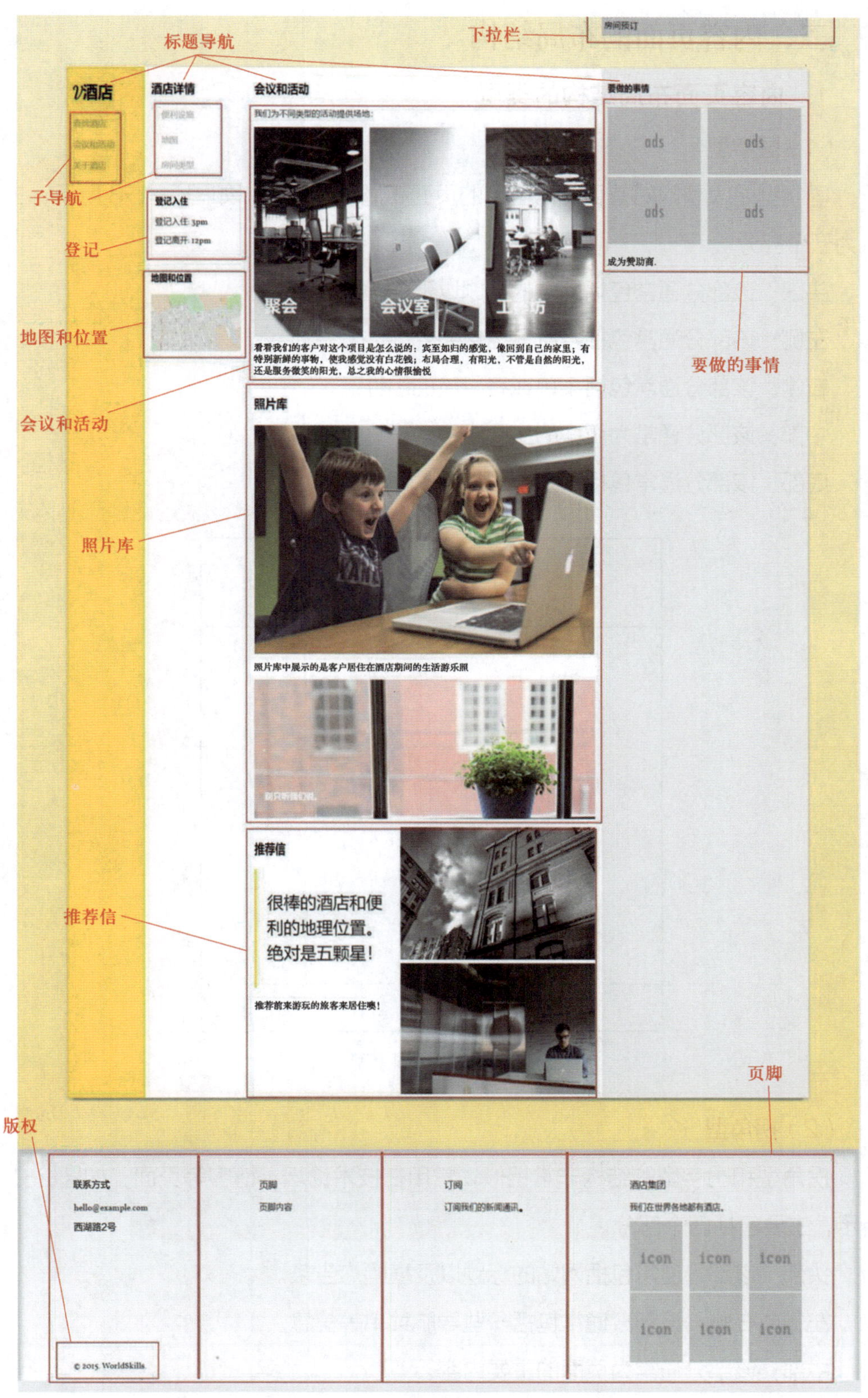

图 2-1-2　内容页面的版块组成

三、内容页面的布局结构

1. 内容页面布局结构的类型

（1）国字型

国字型是大型网站首页经常使用的页面布局结构类型，如图 2-1-3 所示，主要分为五个部分。

头部：该部分通常包括网站的标题以及横幅广告条。

左侧：该部分通常包括导航等信息。

右侧：该部分通常包括菜单或者导航的组件。

中部：该部分通常为页面的主要内容。

底部：该部分通常包括联系方式、版权声明等内容。

图 2-1-3　国字型

（2）拐角型

拐角型和国字型的结构非常相似，常用在技术论坛、博客等页面，如图 2-1-4 所示，主要包括四个部分。

头部：该部分通常包括网站的标题以及横幅广告条。

左侧或右侧：该部分通常包括一些导航菜单等信息。

中部：该部分通常为页面的主要内容。

底部：该部分通常包括联系方式、版权声明等内容。

图 2-1-4　拐角型

（3）标题正文型

标题正文型的结构非常简单明了，常用在文章、注册等页面，如图 2-1-5 所示，主要包括两个部分。

上部：该部分通常包括网页的标题以及导航。

下部：该部分通常包括页面的主要内容。

图 2-1-5　标题正文型

（4）左右框架型

左右框架型的结构清晰明了，常用在大型论坛、企业网站中的内页等页面，如图 2-1-6 所示，主要包括两个部分。

左侧：该部分通常包括导航链接。

右侧：该部分通常包括页面的主要内容。

图 2-1-6　左右框架型

（5）封面型

封面型简单大方，常用于网站首页、个人主页等页面，如图 2-1-7 所示，主要包括三个部分。

头部：该部分一般包括页面 logo 或者导航菜单。

左侧：该部分可以放置个人页面的封面。

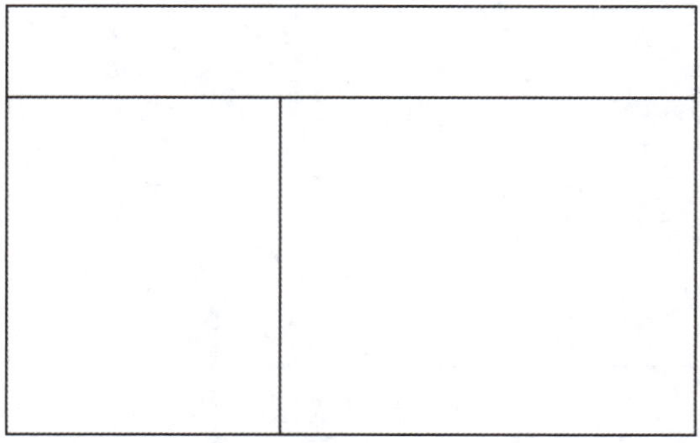

图 2-1-7　封面型

右侧：该部分包括表单或者其他组件。

（6）Flash 型

Flash 型与封面型结构类似，与封面型不同的是采用了目前非常流行的 Flash，页面所表达的信息更丰富。

网页页面布局结构类型的选取主要根据内容展示的需要。如果内容非常多，可以考虑国字型或拐角型；如果内容以说明性的内容为主，则可以考虑标题正文型；如果是企业网站展示企业形象或者个人主页展示个人风采，则应首选封面型。单一页面布局结构类型的变化不灵活，可以根据需要对以上页面布局结构进行组合使用。

2. 内容页面布局的原则

（1）主题突出

在内容页面上，应做到突出主题，页面布局主次分明。

（2）图文并茂

在内容页面上，应做到图片和文字相互配合，既可以丰富页面，又可以避免文字较多而显得页面沉闷，或者图片过多而显得页面信息量少。

（3）色彩搭配与主题呼应

在内容页面上，色彩搭配应与网页主题呼应，主题颜色控制在 2~3 种，并且采用同一种标准色。

3. 网页布局方法

在制作内容页面前，首先需要画出内容页面的布局草图，内容页面的布局草图对于制作出好的内容页面非常重要。内容页面的设计方法主要有以下两种：

（1）先使用笔和纸画出布局草图，然后在网页编辑器中实现。

（2）直接使用软件设计页面布局。

四、规划内容页面的制作流程

1. 明确内容页面的主题及主题色

一个页面要有一个明确的主题，内容页面的主题应与整个网站的主题相匹配。但内容页面也是独立的页面，因此，找准内容页面的侧重点，做出自己的特色，才能给用户留下深刻的印象。

2. 搜集材料

明确了页面的主题以后，应围绕主题开始搜集材料。要想让内容页面具有特色，能够吸引更多的用户，需要多搜集材料，为后期页面的制作做好铺垫。

3. 规划内容页面

内容页面规划包含页面内容及页面布局的确定，在制作页面之前应把这些方面都考虑到，才能制作出有个性、有特色、有吸引力的页面。

4. 选择合适的制作工具

网页制作涉及的工具比较多，如网页编辑器、图片编辑工具、动画制作工具等，可根据内容呈现需要进行工具选取。

5. 制作内容页面

在上述步骤的基础上，按照规划添加页面内容，修饰相应内容，进行页面的制作。

6. 测试内容页面

页面制作完成后，应使用专业的测试工具进行页面测试，判断页面中包含的功能是否准确，并进行必要的修改。

任务实施

1. 确定内容页面主题及主色调

分析“V 酒店”内容页面的网页效果图可知，页面以酒店介绍为主题，主题色以暖黄色为主调，以淡黄色为页面背景；页面色调主要由黄色、白色和灰色组成。

2. 搜集材料

以“酒店”为关键词，通过网络、书籍、视频教程等途径，搜集与“酒店”有关的图片、新闻、网页等材料，为内容页面的制作做好准备工作。

3. 规划内容页面

分析“V 酒店”内容页面的网页效果图可知，页面内容包括下拉栏、标题导航、子导航、会议和活动、地图和位置、登记、要做的事情、照片库、推荐信、页脚等；内容页面的大体结构为标题正文型，上部为页面重点展示部分，并根据展示需要又嵌入了左右框架型等结构，下部为页脚部分。

4. 选择合适的制作工具

选择网页编辑工具，如 Dreamweaver 等；选择图片编辑工具，如 Fireworks、

Photoshop 等。

5. 制作内容页面

（1）根据内容页面的网页效果图，制作页面的大体结构，如图 2-1-8 所示。

图 2-1-8　页面的大体结构

（2）将页面上部划分为内外两部分，外框作为页面背景，内框作为内容展示页面，并确定房间预定表格功能位置，如图 2-1-9 所示。

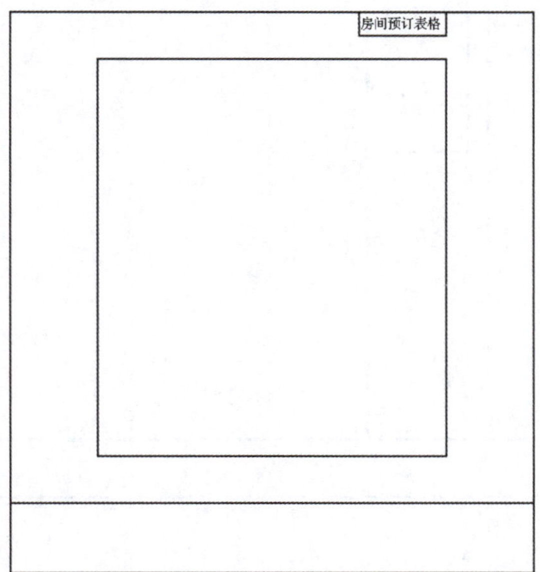

图 2-1-9　划分内外框并确定房间预定表格功能位置

（3）划分内容展示部分，包括标题导航、子导航、会议和活动、地图和位置、登记、要做的事情、照片库、推荐信、页脚等组成部分，如图 2-1-10 所示。

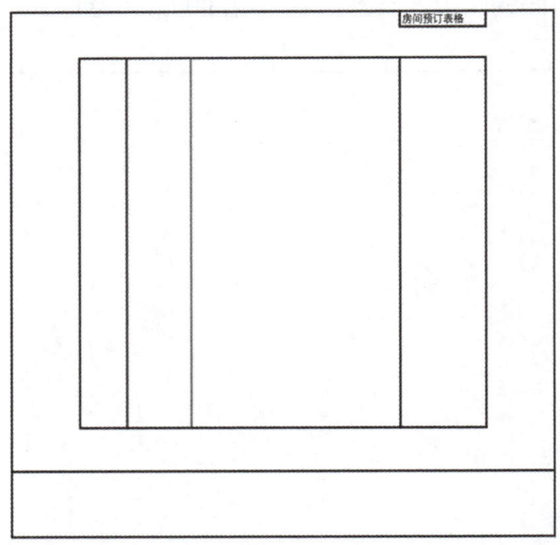

图 2-1-10　内容展示部分大体布局

（4）细化内容展示部分的具体组成，标注各个组成部分的预估位置，如图 2-1-11 所示。

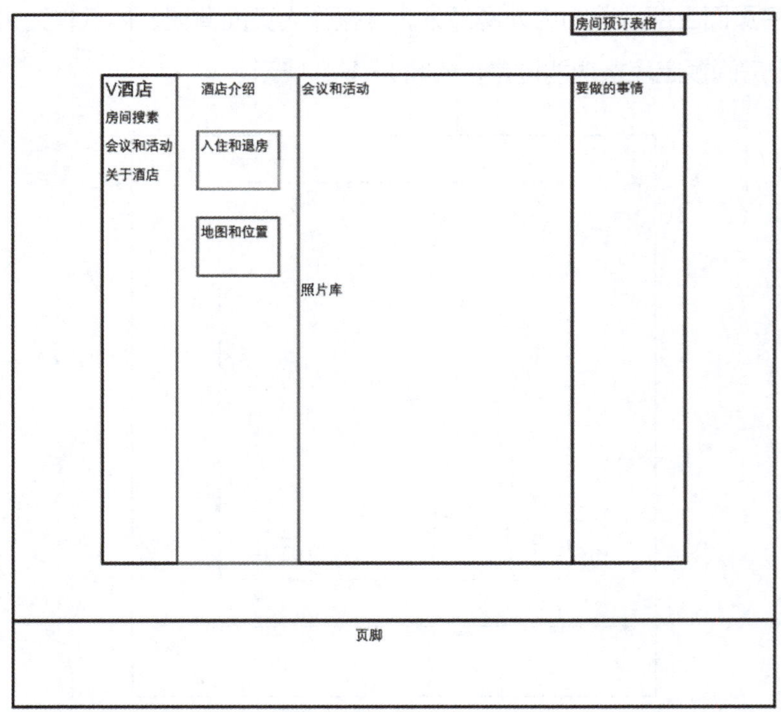

图 2-1-11　内容展示部分布局细化图

6. 测试内容页面

使用专业工具测试内容页面，核实页面中包含的功能是否准确。

工作评价

根据任务完成情况，进行学习任务综合评价，见表 2-1-1。

表 2-1-1 学习任务综合评价

<table>
<tr><th rowspan="2">考核项目</th><th rowspan="2">评价内容</th><th rowspan="2">配分（分）</th><th colspan="3">评价分数</th></tr>
<tr><th>自我评价</th><th>小组评价</th><th>教师评价</th></tr>
<tr><td rowspan="3">职业素养</td><td>安全意识和责任意识强，能遵守健康及安全标准</td><td>10</td><td></td><td></td><td></td></tr>
<tr><td>团队合作意识强，能与同学分享知识及专业资料</td><td>10</td><td></td><td></td><td></td></tr>
<tr><td>现场管理符合 8S 标准，能做好定期整理工作</td><td>10</td><td></td><td></td><td></td></tr>
<tr><td rowspan="3">专业能力</td><td>能复述内容页面的概念</td><td>10</td><td></td><td></td><td></td></tr>
<tr><td>能复述内容页面的组成</td><td>10</td><td></td><td></td><td></td></tr>
<tr><td>能根据网页效果图分析内容页面结构</td><td>20</td><td></td><td></td><td></td></tr>
<tr><td>工作成果</td><td>能构建“V 酒店”内容页面结构</td><td>30</td><td></td><td></td><td></td></tr>
<tr><td colspan="2">总分</td><td>100</td><td></td><td></td><td></td></tr>
<tr><td rowspan="2">综合评分</td><td>综合评分 = 自我评价 ×20%+ 小组评价 ×30%+ 教师评价 ×50%</td><td rowspan="2">教师（签名）：</td><td colspan="3" rowspan="2"></td></tr>
<tr><td></td></tr>
</table>

任务 2
使用 HTML 语义化标签定义页面结构

学习目标

1. 能叙述语义化标签的概念及作用。
2. 能列举 HTML 语义化标签并了解其属性。
3. 能使用 HTML 语义化标签定义页面结构。

任务描述

通过 Web 前端设计师的规划，“V 酒店”内容页面的布局结构已确定，内容素材也已准备就绪，现需要 Web 前端设计师使用 HTML 语义化标签定义页面结构。具体要求如下：

1. 使用 HTML 语义化标签定义页面整体结构。
2. 使用 HTML 语义化标签定义内容页面的组成部分。

相关知识

一、语义化标签的概念及作用

1. 语义化标签的概念

语义化标签是指能够提示自身含义或作用的标签。例如，<nav> 标签容易让人获得提示，很快由“nav”联想到“navigation”，进而获知该标签是用来定义页面导航区域的；又如，<header> 标签，顾名思义，为头部标签，很容易让人获得提示，该标签是用来定义页面头部区域的。

2. 语义化标签的作用

现在，越来越多从事网站设计与开发的企业重视语义化标签的使用，已经有许多企业将语义化标签的使用列入员工基本职业素养要求。语义化标签的作用主要体现在以下两个方面：

（1）语义化标签可以让代码结构更加清晰，方便阅读；能够让开发组成员更好地理解页面结构，有利于团队合作开发，提高工作效率。

（2）语义化标签的使用有利于搜索引擎对网页内容的搜索，能够提高网页的点击率。

二、HTML 语义化标签

语义化标签是 HTML 新出现的标签，尽管有很多的优点，但是在低版本的 IE 浏览器中存在兼容性问题。语义化标签的兼容性处理方式将在后续课程中学习，本任务默认采用 IE8 以上版本的浏览器查看网页效果。常见的 HTML 语义化标签包括：

1. <header> 标签

<header> 标签用于定义页面的介绍和展示区域，通常包括网站 logo、主导航、全站链接以及搜索框；也适合对页面内部一组介绍性或导航性的内容进行标记。

2. <aside> 标签

<aside> 标签用于定义与主要内容相关的内容块，通常显示为侧边栏。

3. <main> 标签

<main> 标签用于定义页面的主要内容，一个页面只能使用一次。如果是 Web 应用，则包含其主要功能。

4. <footer> 标签

<footer> 标签用于定义文档的底部区域，通常包含文档的作者、著作权信息、链接的使用条款、联系信息等。

5. <nav> 标签

<nav> 标签用于定义页面的导航链接部分，但不是所有的链接都需要包含在 nav 中。

6. <section> 标签

<section> 标签用于标记文档的各个部分，如长表单文章的章节或主要部分。

7. <article> 标签

<article> 标签用于定义页面独立的内容，它可以有自己的 header、footer、sections 等，专注于单个主题的博客文章、报纸文章或网页文章。article 可以嵌套 article，只要里面的 article 与外面的是部分与整体的关系即可。

小贴士

<section> 与 <article> 标签的联系与区别如下：

1. <article> 标签可以认为是特殊的 <section> 标签。
2. <article> 标签更加强调独立性，语义更加明确。
3. <section> 标签虽然也具有一定的独立性，但更加强调对完整的内容划分区块。

【课堂练习 2-2-1】语义化文章内容标签

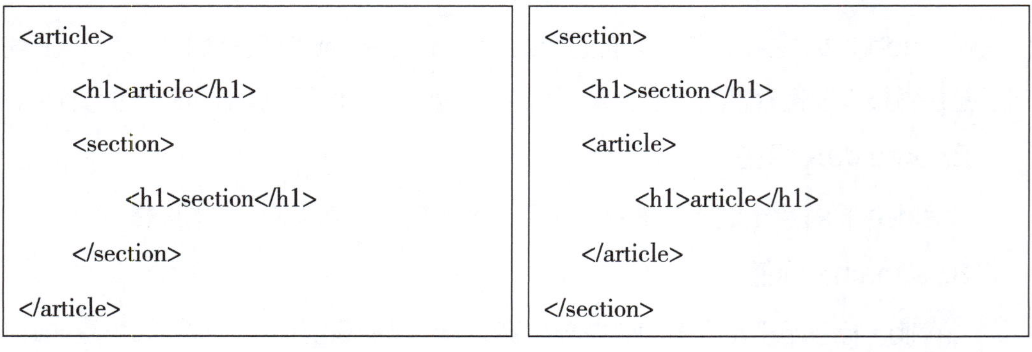

```
<article>
    <h1>article</h1>
    <section>
        <h1>section</h1>
    </section>
</article>
```

```
<section>
    <h1>section</h1>
    <article>
        <h1>article</h1>
    </article>
</section>
```

<section> 与 <article> 标签效果图如图 2-2-1 所示。

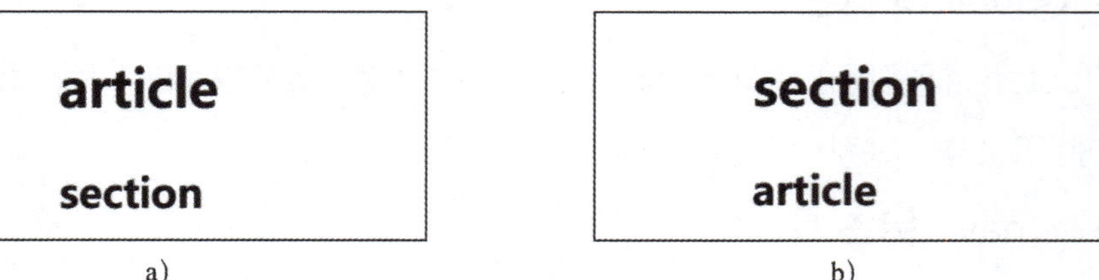

a)　　b)

图 2-2-1　<section> 与 <article> 标签效果图

a）section 作为 article 的部分　b）article 作为 section 的部分

8. <blockquote> 标签

<blockquote> 标签用于定义块引用，浏览器会在 blockquote 元素前后添加换行，并增加外边距。

【课堂练习 2-2-2】用 <blockquote> 标签定义块引用

```
<h1> 标题 1</h1>
<blockquote>
     块引用
</blockquote>
<h1> 标题 2</h1>
```

<blockquote> 标签效果图如图 2-2-2 所示。

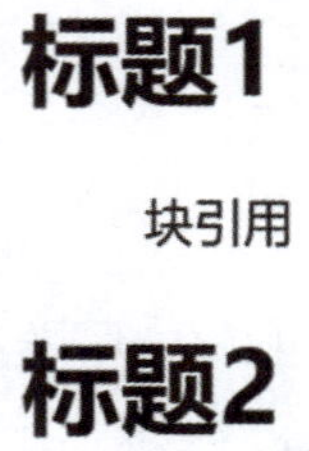

标题1

块引用

标题2

图 2-2-2　<blockquote> 标签效果图

小贴士

在使用语义化标签时，需考虑其使用场景，如果强行使用语义化标签，不仅会破坏 HTML 的整体结构，还会造成阅读障碍。

9. 列表标签

HTML 列表标签见表 2-2-1。

表 2-2-1　列表标签

标签	说明
<ol>	定义有序列表
<ul>	定义无序列表
<li>	定义列表项
<dl>	定义列表
<dt>	自定义列表项目
<dd>	定义自定义列表项目的描述

HTML 支持有序列表、无序列表和自定义列表。

（1）有序列表

有序列表是指有排列顺序的列表，各个列表项按照一定的顺序排列定义。有序列表使用 <ol> 标签与列表标签 <li> 共同构成一个完整的列表。列表项使用数字、大写英文字母、小写英文字母、大写罗马数字、小写罗马数字中的一种来进行标记。

【课堂练习 2–2–3】有序列表

```
<ol>
    <li> 足球 </li>
    <li> 篮球 </li>
</ol>
```

有序列表效果图如图 2–2–3 所示。

1. 足球
2. 篮球

图 2–2–3　有序列表效果图

（2）无序列表

无序列表是指列表项目无排列顺序，可随意变化顺序。无序列表使用 <ul> 标签与列表标签 <li> 共同构成一个完整的列表。无序列表是一个项目的列表，使用粗体圆点进行标记。

【课堂练习 2–2–4】无序列表

```
<ul>
    <li> 足球 </li>
    <li> 篮球 </li>
</ul>
```

无序列表效果图如图 2–2–4 所示。

- 足球
- 篮球

图 2–2–4　无序列表效果图

（3）自定义列表

自定义列表不仅是一列项目，还可能是项目及其注释的组合。定义列表以 <dl> 标签开始，每个自定义列表项目以 <dt> 开始，每个自定义列表项目的定义以 <dd> 标签开始。

任务实施

1. 定义页面整体结构

```
<header>
  header 部分在后续任务中作 CSS 样式设置，无内容 .
</header>
<aside>
    本任务 aside 部分无内容
</aside>
<main>
    酒店详情
</main>
<footer>
    页脚
</footer>
```

页面整体结构效果图如图 2-2-5 所示。

header部分在后续任务中作CSS样式设置,无内容.
本任务aside部分无内容
酒店详情
页脚

图 2-2-5　页面整体结构效果图

2. 定义“标题导航”部分

```
<nav class="left">
    <h2>V 酒店 </h2>
    <a href="#"> 查找酒店 </a><a href="#"> 会议和活动 </a><a href="#"> 关于酒店 </a>
</nav>
```

“标题导航”效果图如图 2-2-6 所示。

V酒店

查找酒店会议和活动关于酒店

图 2-2-6 “标题导航”效果图

小贴士

class 属性为 HTML 的全局属性，规定了元素的类名，用于指向 CSS 样式表中的类，class 类名不能以数字开头。

3. 定义“子导航”“登记”“地图和位置”部分

```
<section class="detail">
    <h3> 酒店详情 </h3>
    <ul role="menu">
        <li><a href="#"> 便利设施 </a></li>
        <li><a href="#"> 地图 </a></li>
        <li><a href="#"> 房间类型 </a></li>
    </ul>
    <div class="checkin" role="note">
        <h4> 登记入住 </h4>
        <p> 登记入住 : 3pm</p>
        <p> 登记离开 : 12pm</p>
    </div>
    <div class="map">
        <h4> 地图和位置 </h4>
        <img src="images/map.png" alt="Our office location">
    </div>
</section>
```

“子导航”“登记”“地图和位置”效果图如图 2-2-7 所示。

酒店详情

- 便利设施
- 地图
- 房间类型

登记入住

登记入住: 3pm

登记离开: 12pm

地图和位置

图 2-2-7 “子导航”“登记”“地图和位置”效果图

4. 定义“会议和活动”部分

```
<article class="meeting">
    <h3> 会议和活动 </h3>
    <p> 我们为不同类型的活动提供场地：</p>
    <ul class="img-list" role="presentation">
      <li><img src="images/5016.png" alt="Gathering"><span> 聚会 </span></li>
      <li><img src="images/5015.png" alt="Meetings"><span> 会议室 </span></li>
      <li><img src="images/5040.png" alt="Workshops"><span> 工作坊 </span></li>
    </ul>
    <p> 看看我们的客户对这个项目是怎么说的：宾至如归的感觉，像回到自己的家
    里；有特别新鲜的事物，使我感觉没有白花钱；布局合理，有阳光，不管是自然
    的阳光，还是服务微笑的阳光，总之我的心情很愉悦 </p>
```

“会议和活动”效果图如图 2-2-8 所示。

图 2-2-8 “会议和活动”效果图

5. 定义“照片库”和“推荐信”部分

```
<section class="gallery" role="presentation">
    <h4> 照片库 </h4>
    <div id="photo-gallery">
        <img src="images/photo-2.png" alt="Workspace for meeting">
    </div>
</section>
<p> 照片库中展示的是客户居住在酒店期间的生活游乐照 </p>
<section class="photo2" role="img">
    <img src="images/5018.png" alt="Don't just hear what we say.">
    <span> 别只听我们说。</span>
```

```
        </section>
        <section class="testimonials">
            <div>
                <h4> 推荐信 </h4>
                <blockquote> 很棒的酒店和便利的地理位置。绝对是五颗星！ </blockquote>
                <p> 推荐前来游玩的旅客来居住噢！ </p>
            </div>
            <div>
                <img src="images/4912.png" alt="Photo outside hotel.">
                <img src="images/5029.png" alt="Photo inside room.">
            </div>
        </section>
</article>
```

“照片库”和“推荐信”效果图如图 2-2-9 所示。

a)

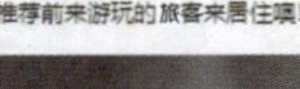

b)

图 2-2-9 “照片库”和“推荐信”效果图

a）“照片库”部分 b）“推荐信”部分

6. 定义“要做的事情”部分

```
<section class="things">
    <h3> 要做的事情 </h3>
    <ul class="ads-list" role="presentation">
        <li><img src="images/ads.png" alt="Advertisement."></li>
        <li><img src="images/ads.png" alt="Advertisement."></li>
        <li><img src="images/ads.png" alt="Advertisement."></li>
        <li><img src="images/ads.png" alt="Advertisement."></li>
    </ul>
    <a href="#"> 成为赞助商 .</a>
</section>
```

“要做的事情”效果图如图 2-2-10 所示。

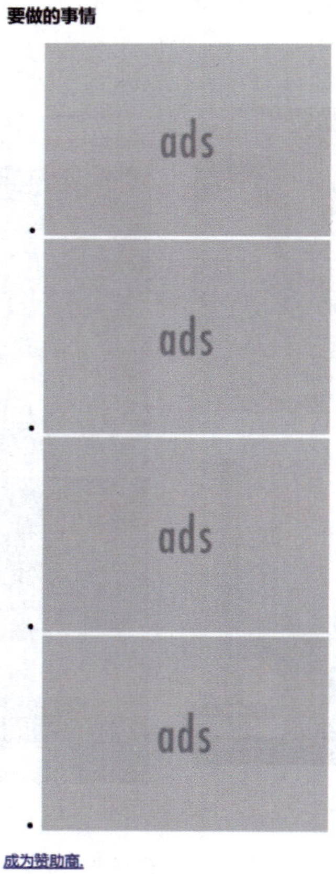

要做的事情

- ads
- ads
- ads
- ads

成为赞助商.

图 2-2-10 “要做的事情”效果图

7. 定义“页脚”和“版权”部分

```
<footer>
    <div class="footer-wrapper">
        <div class="footer">
            <section>
                <h4> 联系方式 </h4>
                <p>hello@example.com</p>
                <address>
                西湖路 2 号
                </address>
            </section>
            <section>
                <h4> 页脚 </h4>
                <p> 页脚内容 </p>
            </section>
            <section>
                <h4> 订阅 </h4>
                <p> 订阅我们的新闻通讯。</p>
            </section>
            <section>
                <h4> 酒店集团 </h4>
                <p> 我们在世界各地都有酒店。</p>
                <ul class="icon-list">
                    <li><img src="images/icon.gif" alt="icon"></li>
                    <li><img src="images/icon.gif" alt="icon"></li>
                    <li><img src="images/icon.gif" alt="icon"></li>
                    <li><img src="images/icon.gif" alt="icon"></li>
                    <li><img src="images/icon.gif" alt="icon"></li>
```

```
                    <li><img src="images/icon.gif" alt="icon"></li>
                </ul>
            </section>
            <span class="copyright">&copy; 2015. WorldSkills. </span>
        </div>
    </div>
</footer>
```

“页脚”和“版权”效果图如图 2-2-11 所示。

联系方式

hello@example.com

西湖路2号

页脚

页脚内容

订阅

订阅我们的新闻通讯。

酒店集团

我们在世界各地都有酒店。

© 2015. WorldSkills.

图 2-2-11 “页脚”和“版权”效果图

工作评价

根据任务完成情况，进行学习任务综合评价，见表 2-2-2。

表 2-2-2 学习任务综合评价

<table>
<tr><th rowspan="2">考核项目</th><th rowspan="2">评价内容</th><th rowspan="2">配分（分）</th><th colspan="3">评价分数</th></tr>
<tr><th>自我评价</th><th>小组评价</th><th>教师评价</th></tr>
<tr><td rowspan="3">职业素养</td><td>安全意识和责任意识强，能遵守健康及安全标准</td><td>10</td><td></td><td></td><td></td></tr>
<tr><td>团队合作意识强，能与同学分享知识及专业资料</td><td>10</td><td></td><td></td><td></td></tr>
<tr><td>现场管理符合 8S 标准，能做好定期整理工作</td><td>10</td><td></td><td></td><td></td></tr>
<tr><td rowspan="2">专业能力</td><td>能复述语义化标签的概念及作用</td><td>20</td><td></td><td></td><td></td></tr>
<tr><td>能复述常见的 HTML 语义化标签及其属性</td><td>20</td><td></td><td></td><td></td></tr>
<tr><td rowspan="2">工作成果</td><td>能使用 HTML 语义化标签定义“V 酒店”页面整体结构</td><td>20</td><td></td><td></td><td></td></tr>
<tr><td>能使用 HTML 语义化标签定义内容页面的组成部分</td><td>10</td><td></td><td></td><td></td></tr>
<tr><td colspan="2">总分</td><td>100</td><td></td><td></td><td></td></tr>
<tr><td rowspan="2">综合评分</td><td>综合评分 = 自我评价 ×20%+ 小组评价 ×30%+ 教师评价 ×50%</td><td rowspan="2">教师（签名）:</td><td colspan="3" rowspan="2"></td></tr>
<tr><td></td></tr>
</table>

任务 3
使用 CSS 布局及美化页面

学习目标

1. 能叙述 CSS 的基本语法。
2. 能列举 CSS 的常用属性。
3. 掌握 CSS 样式书写规范。
4. 能使用 CSS 样式表进行内容页面布局和美化。

任务描述

Web 前端设计师已使用 HTML 标签定义了“V 酒店”内容页面结构，现需要进一步使用 CSS 布局及美化页面。具体要求如下：

1. 使用 CSS 样式表进行布局。
2. 使用 CSS 样式表美化页面。

本任务完成后的页面效果图如图 2-3-1 所示。

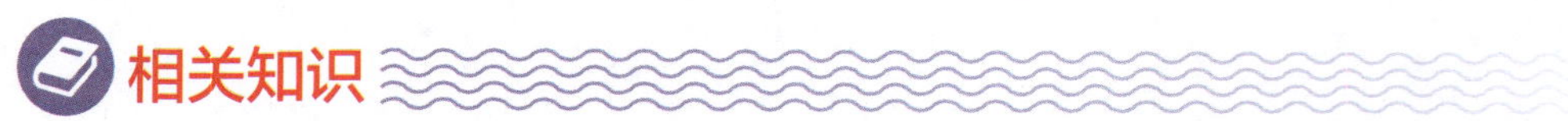

相关知识

一、CSS 的基本语法

1. CSS 的语法结构

CSS 的语法结构由三部分组成：选择器、样式属性和值，如图 2-3-2 所示。

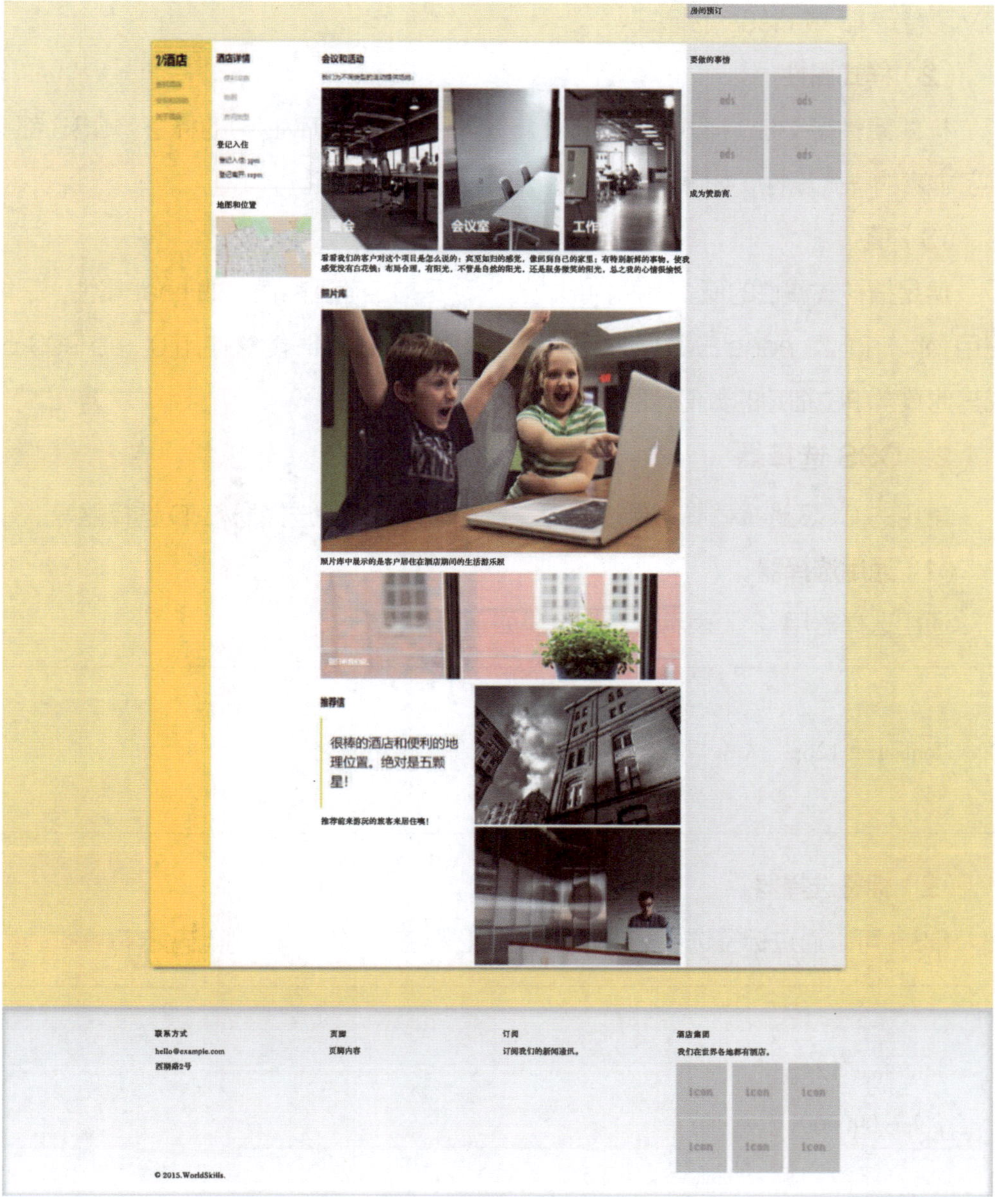

图 2–3–1　使用 CSS 布局及美化页面效果图

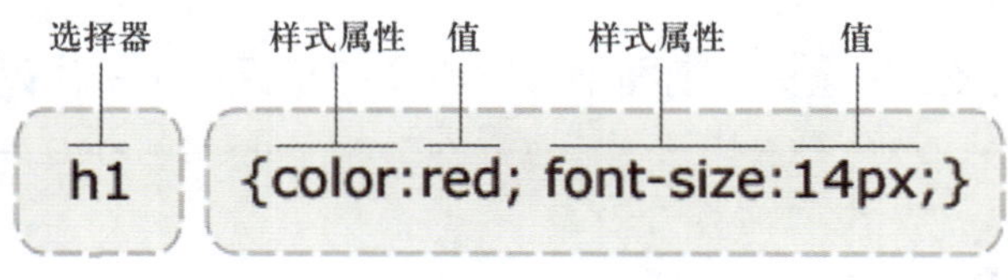

图 2–3–2　CSS 的语法结构

（1）选择器

选择器是指一组样式编码所应用于的对象，可以是一个 HTML 标签，也可以是定义了特定 ID 或 class 的标签。

（2）样式属性

样式属性是 CSS 样式控制的核心，对于每一个 HTML 中的标签，CSS 都提供了丰富的样式属性，如颜色、大小、定位、浮动方式等。

（3）值

值是指样式属性的值，有两种形式：一种是指定范围的值，如 float 属性，只能使用 left、right、none 三种值；另一种是数值，如 width 能够使用 0 ~ 9 999 px 或其他数学单位指定的数值范围。

2. CSS 选择器

常用的 CSS 选择器有通用选择器、标签选择器、类选择器和 ID 选择器等。

（1）通用选择器

通用选择器用“*”表示。示例代码如下：

```
*{
    font-size: 12px;
}
```

（2）标签选择器

CSS 可以通过标签选择器来定义 HTML 标签的样式。示例代码如下：

```
p{
    font-size: 12px;
    color: 090909;
}
```

（3）类选择器

类选择器根据类名来选择，前面用符号“.”来标识。示例代码如下：

```
.testclass{
    background: # FF0000;
}
```

在 HTML 中，可以通过 class 属性来引用上面定义的样式。这就是通过类选择器来引用样式。示例代码如下：

```
<div class="testclass">
    这个区域字体颜色为红色
</div>
```

（4）ID 选择器

ID 选择器用于定义标有 ID 的 HTML 元素样式。使用 HTML 元素的 ID 来选择元素，具有唯一性。同一个 ID 在同一文档页面中只能出现一次。ID 选择器根据标签 ID 名来命名，前面用符号“#”来标识。示例代码如下：

```
#testid{
      background: # FF0000;
}
```

在 HTML 中，可以通过 ID 属性来引用上面定义的样式表。示例代码如下：

```
<div id="testid">
      这个区域字体颜色为红色
</div>
```

二、CSS 的常用属性

1. CSS 颜色属性

CSS 颜色属性见表 2-3-1。

表 2-3-1　CSS 颜色属性

属性	说明
color	设置元素的文本颜色
background-color	设置元素的背景颜色

2. CSS 字体属性

CSS 字体属性见表 2-3-2。

表 2-3-2　CSS 字体属性

属性	说明
font-family	设置元素的字体类型
font-size	设置文字的大小
font-weight	设置字体的粗细程度
font-style	设置字体的风格

【课堂练习 2-3-1】CSS 字体样式

```
<html>
<head>
<style type="text/css">
p.serif {font-family: "Times New Roman"}
p.sansserif {font-family: " 黑体 "}
p.serif {font-size: 18px}
p.sansserif {font-weight: 400}
p.serif {font-style: inherit}
p.serif{color: #E72E31}
p.sansserif{background-color: #7EB093}
</style>
</head>

<body>
<h1>CSS 字体 </h1>
<p class="serif">Times New Roman</p>
<p class="sansserif"> 黑体 </p>
</body>
</html>
```

CSS 字体属性效果图如图 2-3-3 所示。

CSS字体

Times New Roman

黑体

图 2-3-3　CSS 字体属性效果图

3. CSS 页面布局相关属性

（1）CSS 外边距

CSS 外边距属性语法及说明见表 2-3-3。

表 2-3-3　CSS 外边距属性语法及说明

属性语法	说明
margin: 10px 5px 15px 20px;	上外边距是 10 px，右外边距是 5 px，下外边距是 15 px，左外边距是 20 px
margin: 10px 5px 15px;	上外边距是 10 px，右外边距和左外边距是 5 px，下外边距是 15 px
margin: 10px 5px;	上外边距和下外边距是 10 px，右外边距和左外边距是 5 px
margin: 10px;	4 个外边距都是 10 px
margin-top: 2cm;	元素的上外边距是 2 cm
margin-bottom: 2cm;	元素的下外边距是 2 cm
margin-left: 2cm;	元素的左外边距是 2 cm
margin-right: 2cm;	元素的右外边距是 2 cm

小贴士

margin-top、margin-bottom、margin-left、margin-right 的可能取值如下：

（1）auto，浏览器设置的左外边距。

（2）length，定义固定的左外边距。默认值是 0。

（3）%，定义基于父元素总高度的百分比左外边距。

（4）inherit，规定应该从父元素继承左外边距。

【课堂练习 2–3–2】margin 属性

```
<html>
<head>
<style type="text/css">
p.margin {
margin: 10px 5px 15px 20px;
}
p.margin-top {
margin: 0.5cm;
}
p.margin-bottom {
margin: 1cm;
}
p.margin-left {
margin: 1.5cm;
}
p.margin-right {
margin: 2cm;
}
</style>
</head>

<body>
<p> 上下左右外边距 </p>
<p class="margin"> 上下左右外边距 </p>
<p class="margin-top"> 上外边距 </p>
<p class="margin-bottom"> 下外边距 </p>
<p class="margin-left"> 左外边距 </p>
<p class="margin-right"> 右外边距 </p>
</body>
</html>
```

margin 属性效果图如图 2-3-4 所示。

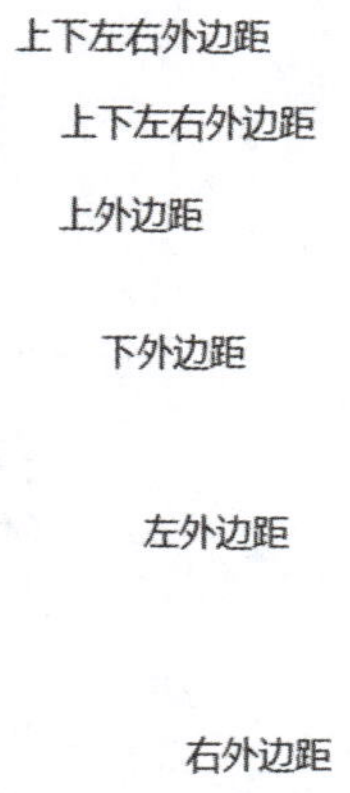

上下左右外边距

上下左右外边距

上外边距

下外边距

左外边距

右外边距

图 2-3-4　margin 属性效果图

（2）CSS 内边距

CSS 内边距属性语法及说明见表 2-3-4。

表 2-3-4　CSS 内边距属性语法及说明

属性语法	说明
padding: 10px 5px 15px 20px;	上内边距是 10 px，右内边距是 5 px，下内边距是 15 px，左内边距是 20 px
padding: 10px 5px 15px;	上内边距是 10 px，右内边距和左内边距是 5 px，下内边距是 15 px
padding: 10px 5px;	上内边距和下内边距是 10 px，右内边距和左内边距是 5 px
padding: 10px;	4 个内边距都是 10 px
padding-top: 2cm;	元素的上内边距是 2 cm
padding-bottom: 2cm;	元素的下内边距是 2 cm
padding-left: 2cm;	元素的左内边距是 2 cm
padding-right: 2cm;	元素的右内边距是 2 cm

小贴士

padding-top、padding-bottom、padding-left、padding-right 的可能取值如下：

（1）length，规定以具体单位计的固定的下内边距，如像素、厘米等。默认值是 0。

（2）%，定义基于父元素宽度的百分比下内边距。

（3）inherit，规定应该从父元素继承下内边距。

【课堂练习 2-3-3】padding 属性

```
<html>
<head>
<style type="text/css">
p.padding {
padding: 10px 5px 15px 20px;
}
p.padding-top{
padding: 0.5cm;
}
p.padding-bottom {
margin: 1cm;
}
p.padding-left {
padding: 1.5cm;
}
p.padding-right {
padding: 2cm;
}
</style>
</head>

<body>
<p> 上下左右内边距 </p>
<p class="padding"> 上下左右内边距 </p>
<p class="padding-top"> 上内边距 </p>
<p class="padding-bottom"> 下内边距 </p>
<p class="padding-left"> 左内边距 </p>
<p class="padding-right"> 右内边距 </p>
</body>
</html>
```

padding 属性效果图如图 2-3-5 所示。

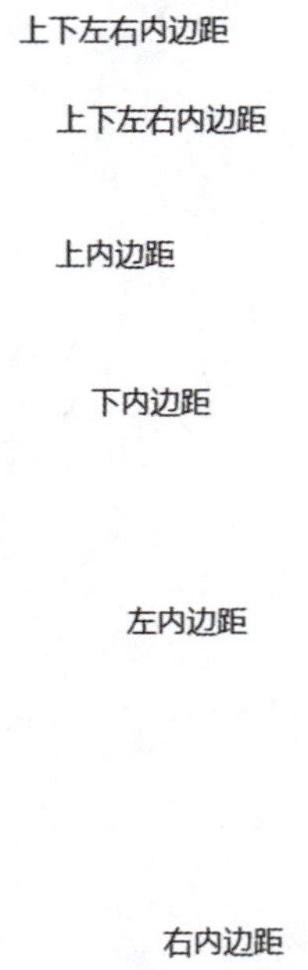

上下左右内边距

上下左右内边距

上内边距

下内边距

左内边距

右内边距

图 2-3-5　padding 属性效果图

（3）display

该属性规定了元素应该生成的框的类型，其属性值见表 2-3-5。

表 2-3-5　display 属性值

属性值	说明
none	此元素不会被显示
block	此元素将显示为块级元素，即每个元素的内容单独占据一行，常见的块级元素有 <p><h1><li><div> 等
inline	此元素会被显示为行内元素，即每个元素不会单独占据一行，它只会占据自己规定的高和宽，常见的行内元素有 <a><img> 等
inline-block	行内块元素，即同时有块级元素和行内元素的属性

【课堂练习 2-3-4】display 属性

```
<html>
<head>
<style type="text/css">
p {
```

```
    display: block
}
a {
    display: inline
}
h1 {
    display: inline-block
}
div {
    display: none
}
</style>
</head>

<body>
<p> 块级元素 </p>
<a href="http://www.baidu.com"> 行内元素 </a>
<h1> 块级元素和行内元素 </h1>
<div>div 元素的内容不会显示出来！</div>
</body>
</html>
```

display 属性效果图如图 2-3-6 所示。

块级元素

行内元素 **块级元素和行内元素**

图 2-3-6　display 属性效果图

（4）position

该属性用于指定一个元素在文档中的定位方式，其属性值见表 2-3-6。

表 2-3-6 position 属性值

属性值	说明
absolute	生成绝对定位的元素，元素的位置通过 left、top、right 以及 bottom 属性进行规定
fixed	生成绝对定位的元素，相对于浏览器窗口进行定位。元素的位置通过 left、top、right 以及 bottom 属性进行规定
relative	生成相对定位的元素，相对于其正常位置进行定位
static	默认值，没有定位，元素出现在正常的流中（忽略 top、bottom、left、right 或者 z-index 声明）
inherit	规定应该从父元素继承 position 属性的值

【课堂练习 2-3-5】position 属性

```
<html>
<head>
<style type="text/css">
h1 {
    position: absolute;
    left: 20px;
    top: 20px;
}
h2{
    position: relative
    }
</style>
</head>

<body>
<h1> 绝对定位 </h1>
<h2> 相对定位 </h2>
</body>
</html>
```

position 属性效果图如图 2-3-7 所示。

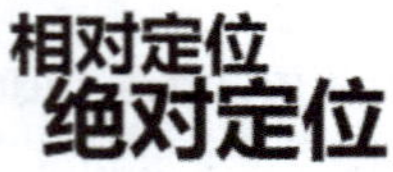

相对定位
绝对定位

图 2-3-7　position 属性效果图

4. CSS 文本属性

（1）text-decoration

该属性用于设置添加到文本的装饰效果，其属性值见表 2-3-7。

表 2-3-7　text-decoration 属性值

属性值	说明
underline	定义文本下的一条线
overline	定义文本上的一条线
line-through	定义穿过文本下的一条线

（2）line-height

该属性用于设置行间的距离，其属性值见表 2-3-8。

表 2-3-8　line-height 属性值

属性值	说明
normal	默认值，设置合理的行间距
number	设置数字，此数字会与当前的字体尺寸相乘来设置行间距
length	设置固定的行间距
%	基于当前字体尺寸的百分比行间距
inherit	规定应该从父元素继承 line-height 属性的值

5. CSS 尺寸属性

（1）height

该属性用于设置元素的高度。

（2）width

该属性用于设置元素的宽度。

（3）line-height

该属性用于设置行高。

6. CSS 边框属性

（1）border

该属性用于设置所有的边框，可以按顺序设置以下属性：

1）border-width，设置元素所有边框的宽度。

2）border-style，设置元素所有边框的样式。

3）border-color，设置四条边框的颜色。

（2）border-left

该属性用于设置所有的左边框。

（3）border-right

该属性用于设置所有的右边框。

（4）border-top

该属性用于设置所有的上边框。

（5）border-bottom

该属性用于设置所有的下边框。

【课堂练习 2-3-6】CSS 文本、尺寸及边框属性

```
<html>
<head>
<style type="text/css">
h1 {
text-decoration: overline
}
h2 {
text-decoration: line-through;
}
h3 {
text-decoration: underline;
    background-image: url(images/5018.png);
}
p {
```

```
        color: #374FD7;
        height: 100px;
        width: 50px;
        line-height: 200%;
        border: 5px solid red;
        }
        </style>
        </head>
        <body>
        <h1> 文本下的一条线 </h1>
        <h2> 文本上的一条线 </h2>
        <h3> 穿过文本下的一条线 </h3>
        <p> 行间距为 200%</p>
        </body>
</html>
```

CSS 文本、尺寸及边框属性效果图如图 2-3-8 所示。

文本下的一条线

文本上的一条线

穿过文本下的一条线

行间距为200%

图 2-3-8　CSS 文本、尺寸及边框属性效果图

7. CSS 阴影属性

box-shadow（阴影属性）用来设置一个或多个下拉阴影的框。该属性是一个用逗号分隔阴影的列表，每个阴影由 2 ~ 4 个长度值、1 个可选的颜色值和 1 个可选的 inset 关键字来规定。省略长度的值是 0。box-shadow 属性值见表 2-3-9。

表 2-3-9　box-shadow 属性值

属性值	说明
h-shadow	必需的。水平阴影的位置。允许负值
v-shadow	必需的。垂直阴影的位置。允许负值
blur	可选。模糊距离
spread	可选。阴影的大小
color	可选。阴影的颜色

8. CSS 过渡属性

（1）transition-duration

该属性用于规定完成过渡效果需要花费的时间（以秒或毫秒计），其语法规则如下：

```
transition-duration: time;
```

time 的默认值是 0，意味着不会有效果。

（2）transition-delay

该属性用于指定何时开始切换效果，以秒（s）或毫秒（ms）为单位，其语法规则如下：

```
transition-delay: time;
```

time 指定秒或毫秒数之前要等待切换效果开始。

【课堂练习 2-3-7】过渡属性

```
<html>
<head>
<meta charset="utf-8">
<title> 过渡效果练习 </title>
<style>
div {
    width: 100px;
    height: 100px;
```

```
    background: red;
    transition-duration: 5s;
    transition-delay: 1s;
    box-shadow: 10px 10px 5px #888888;
}
div: hover {
    width: 300px;
}
</style>
</head>
<body>
<div></div>
<p> 将鼠标移动至块上查看过渡动画效果。</p>
<p> 注意：该过渡效果开始前会停顿 1s。</p>
</body>
</html>
```

过渡属性效果图如图 2-3-9 所示。

将鼠标移动至块上查看过渡动画效果。

注意: 该过渡效果开始前会停顿1s。

图 2-3-9　过渡属性效果图

三、CSS 样式书写规范

1. 编码设置

CSS 样式采用 UTF-8（8-bit Unicode Transformation Format）编码，必须要定义在 CSS 文件所有字符的前面（包括编码注释）才能生效。示例代码如下：

```
@charset "utf-8";
```

2. 命名空间规范

（1）布局以 g 为命名空间，例如，g-header、g-content。

（2）状态以 s 为命名空间，表示动态的、具有交互性质的状态，例如，s-current、s-selected。

（3）工具以 u 为命名空间，表示不耦合业务逻辑的、可复用的工具，例如，u-clearfix、u-ellipsis。

（4）组件以 m 为命名空间，表示可复用、移植的组件模块，例如，m-slider、m-dropMenu。

（5）钩子以 j 为命名空间，表示特定给 Java script 调用的类名，例如，j-request、j-open。

3. 选择器

（1）选择器的命名尽量简洁且具有语义化，尽量使用英文字母来命名，不要用纯数字、中文等命名。长名称或词组可以使用中横线来为选择器命名，不建议使用下划线来命名 CSS 选择器。

（2）当一个规则包含多个选择器时，每个选择器单独占一行。

（3）“,”“+”“~”“>”选择器的两边各保留一个空格。

4. 规则声明块

（1）当规则声明块中有多个样式声明时，每条样式单独占一行。

（2）在规则声明块的“{”前面加一个空格。

（3）在样式属性的“:”后面加一个空格，前面不加空格。

（4）在每条样式后面都以“;”结尾。

（5）规则声明块的“}”单独占一行。

（6）各个规则声明之间用空行分隔。

（7）所有最外层的引号都使用单引号。

（8）当一个属性有多个属性值时，以“,”分隔属性值，每个逗号后面添加一个空格。当单个属性值过长时，每个属性值单独占一行。

5. 数值与单位

（1）当属性值或颜色参数为 0 ~ 1 的数时，省略小数点前的 0。示例代码如下：

```
color: rgba(255, 255, 255, .5);
```

（2）当长度值为 0 时省略单位。示例代码如下：

```
margin: 0 auto;
```

（3）十六进制的颜色属性值使用小写和尽量简写。示例代码如下：

```
color: #fc0;
```

6. 样式属性顺序

单个样式规则下的属性在书写时，应按功能进行分组，并以 Positioning Model > Box Model > Typographic > Visual 的顺序书写，从而提高代码的可读性。

7. 合理使用引号

在某些样式中，会出现一些含有空格的关键字或者中文关键字，要合理使用引号。

（1）在 font-family 内使用引号

对于字体名字中间有空格、中文名字体及 Unicode 字符编码表示的中文字体，为了保证兼容性，建议都在字体两端添加单引号或者双引号，示例代码如下：

```
body { font-family: 'Microsoft YaHei', '黑体 - 简', '5b8b4f53'; }
```

（2）在 background-image 的 url 内使用引号

如果路径里面有空格，旧版 IE 是无法识别的，会导致路径失效，建议不管是否存在空格，都添加上单引号或者双引号。

```
div { background-image: url('...'); }
```

8. 避免使用“!important”

除去某些极特殊的情况，尽量不要使用“!important”。

9. 代码注释

（1）单行注释

单行注释时“*”与内容之间必须保留一个空格。示例代码如下：

```
/* 单行注释 */
```

（2）多行注释

多行注释时“*”要一列对齐，“*”与内容之间必须保留一个空格。

```
/*
多行注释
多行注释
多行注释
*/
```

（3）文件注释

文件顶部必须包含文件注释，用 @name 标识文件说明。“*”要一列对齐，“*”与内容之间必须保留一个空格，标识符冒号与内容之间必须保留一个空格。示例代码如下：

```
/*
- * @name: 文件名或模块名
- * @description: 中文说明
- * @author: name
- * @update: name (2020-12-12 18:32)
- */
```

@description 为文件或模块描述。@update 为可选项，建议每次改动都更新一下。当该业务项目主要由固定的一个或多个人负责时，需要添加 @author 标识，一方面是尊重劳动成果，另一方面方便在需要时快速定位责任人。

任务实施

1. 添加公共样式

```
* {
    margin: 0;
    padding: 0;
```

```
    text-decoration: none;
    font-style: normal;
    transition-duration: 0.2s;
    list-style: none;
    box-sizing: border-box;
}
html, body {
    font-family: Vollkorn, sans-serif;
    font-size: 12px;
}
h2, h3, h4 {
    font-family: DancingScript, sans-serif;
    font-weight: 800;
    transform: scaleY(1.12);
}
img, canvas {
    display: block;
    margin: 0;
    padding: 0;
    object-fit: cover;
    width: 100%;
}
p {
    line-height: 17px;
}
```

2. 添加字体样式

```
@font-face {
    font-family: Vollkorn;
    src: url(../fonts/Vollkorn/Vollkorn-Regular.ttf);
    font-weight: normal;
}
@font-face {
    font-family: Vollkorn;
    src: url(../fonts/Vollkorn/Vollkorn-Bold.ttf);
    font-weight: bold;
}
@font-face {
    font-family: DancingScript;
    src: url(../fonts/Dancing_Script/DancingScript-Regular.ttf);
    font-weight: normal;
}
```

3. 用 CSS 布局页面结构

```
main {
    display: flex;
    background-color: #FFFFFF;
    box-shadow: 0 1px 4px 0 #aeaeae, 0 10px 4px -8px #454545;
}
.footer {
    display: flex;
    position: relative;
    max-width: 1306px;
    margin: auto;
}
```

4. 用 CSS 布局“标题导航”部分

```
.left {
    flex: 0 0 113px;
    background-color: #ffd703;
}

.left, .right > * {
    padding: 20px 10px 0 9px;
}

.right > * {
    padding-top: 20px;
}

.left > h2 {
    font-size: 22px;
    padding-left: 0;
    margin-bottom: 18px;
}

.left > a {
    display: block;
    color: #b4a035;
    line-height: 30px;
}
```

“标题导航”效果图如图 2-3-10 所示。

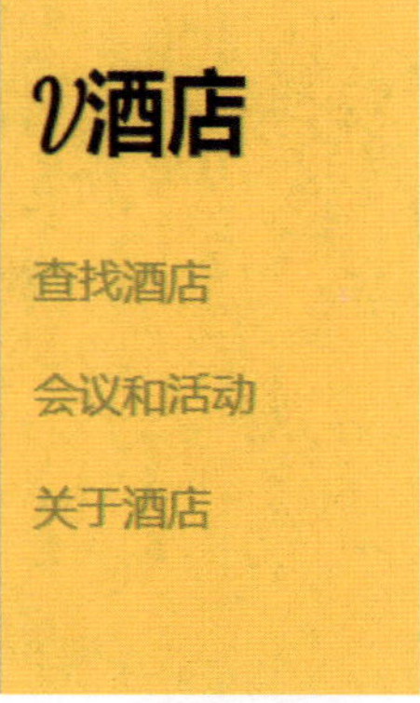

图 2-3-10 “标题导航”效果图

5. 用 CSS 布局“子导航”“登记”“地图和位置”部分

```
.detail {
    flex: 1;
}
.detail > h3 {
    margin-bottom: 19px;
}
.detail > ul {
    padding-left: 15px;
}
.detail > ul a {
    color: #b4b4b4;
    display: block;
    margin-bottom: 18px;
}
.detail > ul li:last-child a {
    margin-bottom: 0;
}
.checkin {
    border: 1px solid #EFEFEF;
    padding: 17px 5px 5px;
```

```
    margin-top: 15px;
}
.checkin > h4 {
    font-size: 12px;
    margin-bottom: 15px;
}
.checkin p {
    margin-bottom: 10px;
}
.map {
    margin-top: 20px;
}
.map > h4 {
    font-size: 12px;
    margin-bottom: 16px;
}
```

“子导航”“登记”“地图和位置”效果图如图 2-3-11 所示。

酒店详情

便利设施

地图

房间类型

登记入住

登记入住: 3pm

登记离开: 12pm

地图和位置

图 2-3-11 “子导航”“登记”“地图和位置”效果图

6. 用 CSS 布局“会议和活动”部分

```
.meeting {
    flex: 3.77;
}
.meeting > h3 {
    margin-bottom: 18px;
}
.meeting p {
    margin-top: 10px;
    margin-bottom: 10px;
}
/* the images list on the top */
.img-list {
    display: flex;
}
.img-list > li {
    flex: 1;
    margin-left: 5px;
    margin-right: 5px;
    position: relative;
    height: 300px;
}
.img-list > li:first-child {
    margin-left: 0;
}
.img-list > li:last-child {
    margin-right: 0;
}
.img-list span {
    position: absolute;
    bottom: 25px;
```

```
        left: 15px;
        font-size: 24px;
        color: #FFF;
        font-weight: bold;
}
.img-list img {
        height: 100%;
        width: 100%;
        filter: brightness(1.2) grayscale(0.9);
}
.img-list li:hover img {
        filter: brightness(1) grayscale(0);
}
.img-list + p {
        margin-top: 8px;
        }
```

“会议和活动”效果图如图 2-3-12 所示。

会议和活动

我们为不同类型的活动提供场地：

看看我们的客户对这个项目是怎么说的：宾至如归的感觉，像回到自己的家里；有特别新鲜的事物，使我感觉没有白花钱；布局合理，有阳光，不管是自然的阳光，还是服务微笑的阳光，总之我的心情很愉悦

图 2-3-12 “会议和活动”效果图

7. 用 CSS 布局“照片库”和“推荐信”部分

```
.gallery {
    margin-top: 28px;
}
.gallery h4 {
    font-size: 16px;
    margin-bottom: 10px;
}
#photo-gallery {
    margin-top: 20px;
    border: 1px solid #EFEFEF;
}
.photo2 {
    position: relative;
    height: 200px;
}
.photo2 img {
    height: 100%;
}
.photo2 > span {
    position: absolute;
    bottom: 22px;
    left: 15px;
    color: #ffffff;
    font-weight: 800;
}
.testimonials {
    margin-top: 12px;
```

```
    display: flex;
}
.testimonials > div:first-child {
    flex: 1;
}
.testimonials > div:last-child {
    flex: 1.3333;
}
.testimonials h4 {
    font-size: 15px;
    margin-top: 20px;
    margin-bottom: 20px;
    transform: scaleY(1.3);
}
.testimonials blockquote {
    padding: 30px 15px;
    font-size: 24px;
    border-left: 3px solid #ffd703;
}
.testimonials img {
    margin-bottom: 5px;
}
.testimonials p {
    margin-top: 18px;
    padding-right: 20px;
}
```

“照片库”和“推荐信”效果图如图 2-3-13 所示。

a）

b）

图 2-3-13 “照片库”和“推荐信”效果图

a）“照片库”部分 b）“推荐信”部分

8. 用 CSS 布局“要做的事情”部分

```
.things {
    flex: 0 0 300px;
    background-color: #efefef;
}
.things > h3 {
    font-size: 12px;
}
.ads-list {
    display: flex;
    margin-bottom: 15px;
    flex-wrap: wrap;
}
.ads-list li {
```

```
    flex: 0 0 50%;
    padding-bottom: 4px;
    padding-right: 5px;
    padding-left: 5px;
}
.ads-list li:nth-child(even) {
    padding-right: 0;
}
.ads-list li:nth-child(odd) {
    padding-left: 0;
}
.ads-list img {
    display: block;
    height: 96px;
}
.things a {
    display: inline-block;
    color: #9f9f9f;
    font-size: 10px;
}
```

“要做的事情”效果图如图 2-3-14 所示。

图 2-3-14 “要做的事情”效果图

9. 用 CSS 布局“页脚”和“版权”部分

```
.footer-wrapper {
    padding: 42px 73px;
    box-shadow: inset 0 4px 10px 5px #d0d0d0;
    background-image: linear-gradient(#efefef, #FFF);
}
.footer {
    display: flex;
    position: relative;
    max-width: 1306px;
    margin: auto;
}
.footer > * {
    flex: 1;
    padding-left: 9px;
}
.footer h4 {
    font-size: 13px;
    font-weight: normal;
    transform: none;
}
.copyright {
    position: absolute;
    bottom: -13px;
    left: 0;
}
.footer p {
    margin-top: 16px;
    margin-bottom: 10px;
```

```
    padding-right: 10px;
}
.icon-list {
    display: flex;
    flex-wrap: wrap;
}
.icon-list > li {
    flex: 0 0 33.333%;
    padding-right: 10px;
    padding-bottom: 1px;
}
.icon-list img {
    height: 100px;
}
```

“页脚”和“版权”效果图如图 2-3-15 所示。

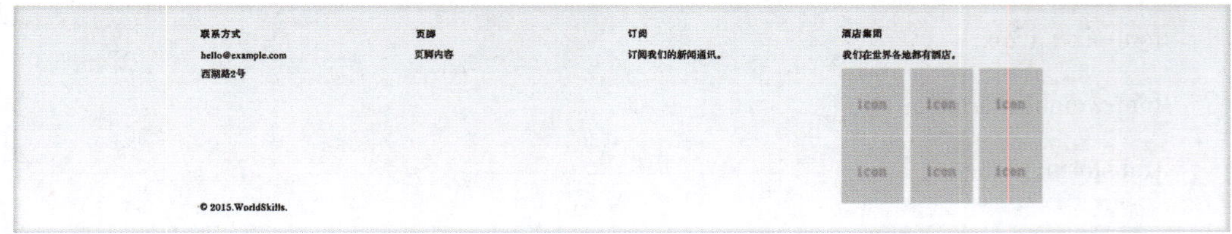

图 2-3-15 “页脚”和“版权”效果图

10. 效果预览

完成 CSS 布局后，分别在谷歌浏览器、360 浏览器、火狐浏览器中预览效果图。

工作评价

根据任务完成情况，进行学习任务综合评价，见表 2-3-10。

表 2-3-10　学习任务综合评价

考核项目	评价内容	配分（分）	评价分数		
			自我评价	小组评价	教师评价
职业素养	安全意识和责任意识强，能遵守健康及安全标准	10			
	团队合作意识强，能与同学分享知识及专业资料	10			
	现场管理符合 8S 标准，能做好定期整理工作	10			
专业能力	能复述 CSS 的基本语法	10			
	能复述 CSS 的常用属性	10			
	能复述 CSS 样式书写规范	20			
工作成果	能使用 CSS 布局并美化“V 酒店”页面结构	20			
	能正确进行页面效果预览	10			
总分		100			
综合评分	综合评分 = 自我评价 ×20%+ 小组评价 ×30%+ 教师评价 ×50%	教师（签名）：			

任务 4
使用 W3C 标准工具测试页面

学习目标

1. 能叙述 W3C 标准的概念。
2. 能列举 W3C 测试工具。
3. 了解常见的修改方式和错误示例。
4. 能使用 W3C 标准工具测试页面。

任务描述

通过使用 HTML 标签定义页面结构，使用 CSS 布局及美化页面，“V 酒店”内容页面已制作完成，现需要 Web 前端设计师使用 W3C 标准工具测试页面。具体要求如下：

1. 使用 W3C 标准工具测试 HTML 网页。
2. 使用 W3C 标准工具测试 CSS 网页。

一、W3C 标准

W3C 即万维网联盟，是 Web 技术领域最具权威和影响力的国际中立性技术标准机构。W3C 标准是 W3C 已发布的一系列 Web 技术标准，常见的有超文本标记语言 HTML 和可扩展标记语言 XML，有效促进了 Web 技术的互相兼容。

二、W3C 测试工具

网站代码的标准化程度关系到对浏览器的兼容和网站的打开速度，甚至网站能否打开，会对网站的访问产生影响。Web 前端设计师可以使用专业的测试工具来测试网站，并根据测试结果对网站代码进行修改。在世界技能大赛网站设计与开发赛项中，W3C 测试工具专用作验证网站代码是否符合 W3C 标准。常用的 W3C 在线测试工具有以下几种：

1. http://validator.w3.org

该测试工具主要用于验证 HTML，主要包括通过 URI 网址验证、通过文件上传验证和通过直接输入验证三种验证方式。

（1）通过 URI 网址验证：在 Address 地址栏中输入需要检测的网址，如图 2-4-1 所示。

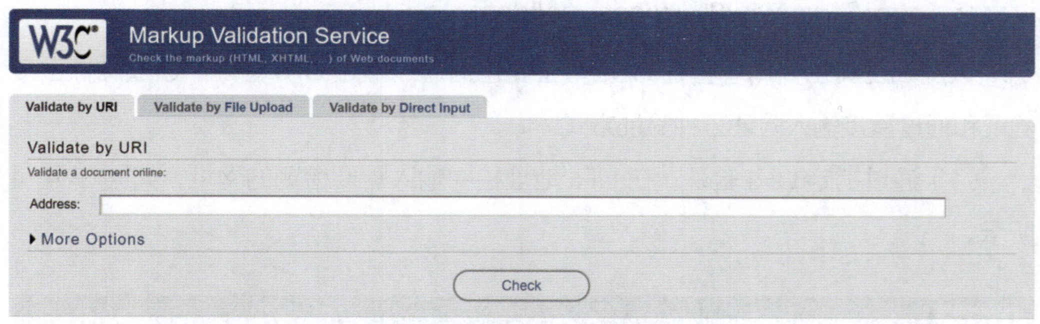

图 2-4-1　通过 URI 网址验证 HTML 的内容

（2）通过文件上传验证：在 File 地址栏中选择本地文件夹中需要检测的文件，如图 2-4-2 所示。

W3C
Markup Validation Service
Check the markup (HTML, XHTML, ...) of Web documents
Validate by URI | Validate by File Upload | Validate by Direct Input
Validate by File Upload
Upload a document for validation:
File: 选择文件 未选择任何文件
More Options
Check

图 2-4-2　通过文件上传验证 HTML 的内容

（3）通过直接输入验证：在输入框中输入需要检测的源码，如图 2-4-3 所示。

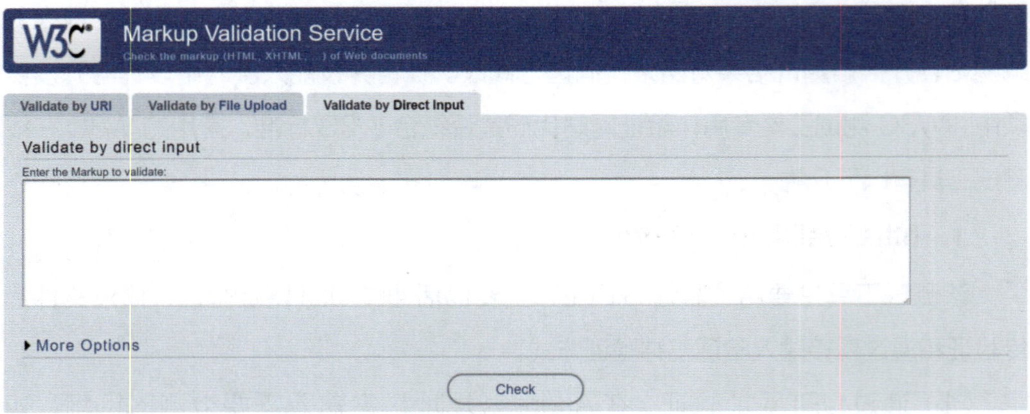

图 2-4-3　通过直接输入验证 HTML 的内容

2. http://jigsaw.w3.org/css-validator

该测试工具主要用于验证 CSS，主要包括通过指定 URI 验证、通过文件上传验证和通过直接输入验证三种验证方式。

（1）通过指定 URI 验证：在 URI 地址栏中输入需要检测的网址，如图 2-4-4 所示。

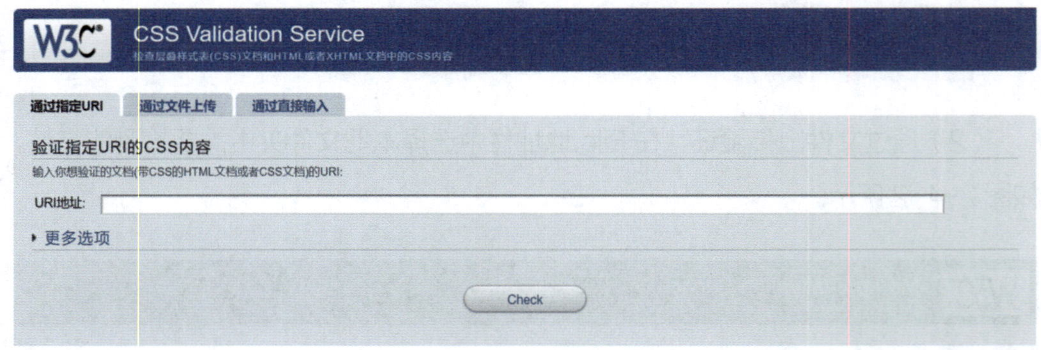

图 2-4-4　通过指定 URI 验证 CSS 的内容

（2）通过文件上传验证：在本地 CSS 文件地址栏选择本地文件夹中需要检测的文件，如图 2-4-5 所示。

（3）通过直接输入验证：在输入框中输入需要检测的源码，如图 2-4-6 所示。

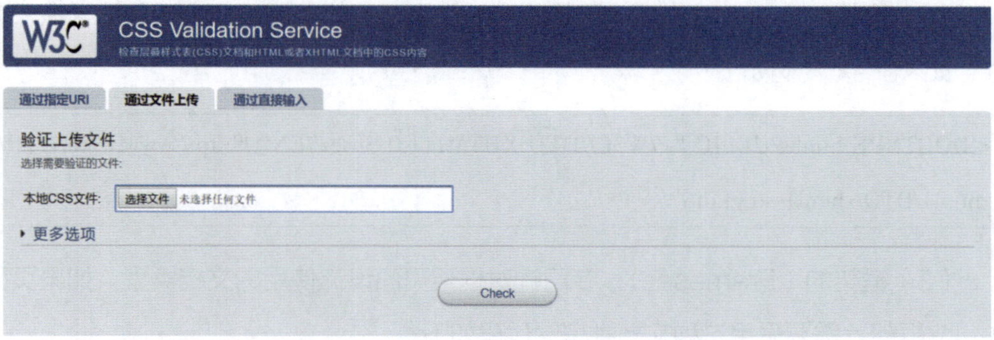

图 2-4-5　通过文件上传验证 CSS 的内容

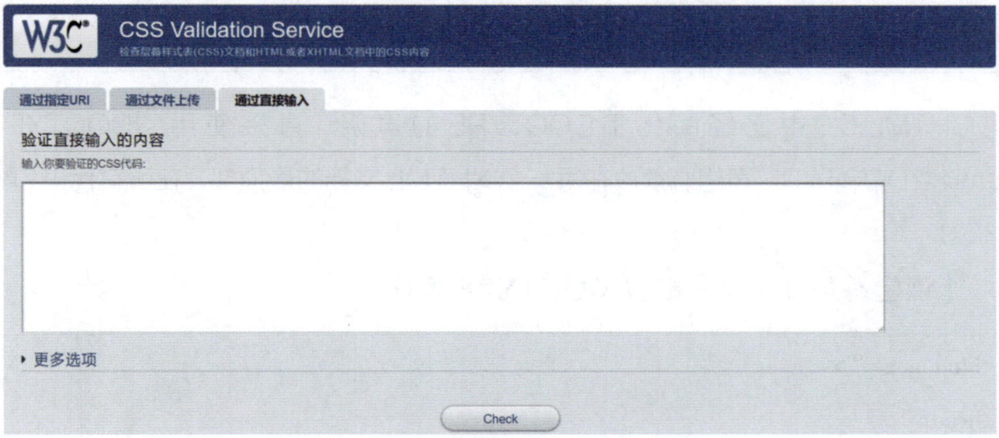

图 2-4-6　通过直接输入验证 CSS 的内容

三、常见的修改方式和错误示例

通过一些常规的修改可以使网页更加符合 W3C 标准。

1. 添加正确的 DOCTYPE

DOCTYPE 是 Document Type 的简写，主要用来说明 XHTML 或 HTML 是什么版本，浏览器根据 DOCTYPE 定义的文档类型定义来解释页面代码。

XHTML 1.0 提供了三种文档类型声明可供选择，具体如下：

（1）过渡的（Transitional）：要求非常宽松的文档类型，它允许继续使用 HTML 4.01 的标识。代码如下：

```
<!DOCTYPE html PUBLIC "-//W3C//DTD XHTML 1.0 Transitional//EN" "http://www.w3.org/TR/xhtml1/DTD/xhtml1-transitional.dtd">
```

（2）严格的（Strict）：要求严格的文档类型，不能使用任何表现层的标识和属性，如
。代码如下：

```
<!DOCTYPE html PUBLIC "-//W3C//DTD XHTML 1.0 Strict//EN" "http://www.w3.org/TR/
xhtml1/DTD/xhtml1-strict.dtd">
```

（3）框架的（Frameset）：专门针对框架页面设计使用的文档类型，如果页面中包含框架，需要采用这种文档类型。代码如下：

```
<!DOCTYPE html PUBLIC "-//W3C//DTD XHTML 1.0 Frameset//EN" "http://www.w3.org/TR/
xhtml1/DTD/xhtml1-frameset.dtd">
```

HTML 5.0 中已经简化了 DOCTYPE 的声明，直接使用 <!DOCTYPE html>。DOCTYPE 声明必须放在每一个 XHTML 文档的最顶部，在所有代码和标识之上。

【课堂练习 2-4-1】缺少 DOCTYPE 声明

```
<html lang="">
<head>
<title>Test</title>
</head>
<body>
</body>
</html>
```

使用直接输入验证 HTML 内容测试工具测试后，提示错误信息，显示缺少 <!DOCTYPE html>，结果如图 2-4-7 所示。

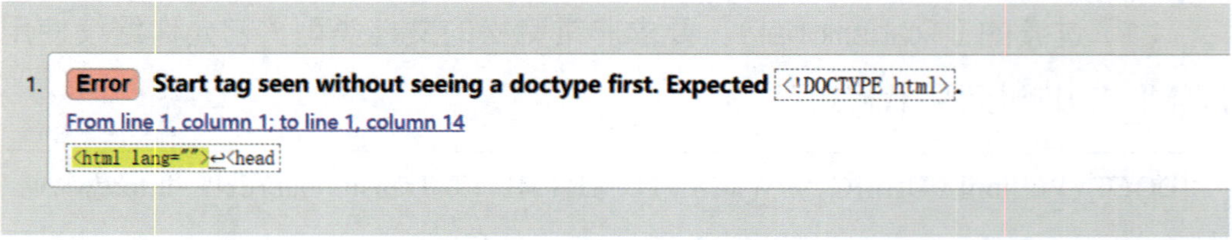

1. Error Start tag seen without seeing a doctype first. Expected `<!DOCTYPE html>`.
From line 1, column 1; to line 1, column 14
`<html lang="">↩<head`

图 2-4-7　缺少 DOCTYPE 声明检测结果

根据错误提示，修改代码，改正后的代码如下：

```
<!DOCTYPE html>
<html lang="">
<head>
<title>Test</title>
</head>
<body>
</body>
</html>
```

2. 设定一个名字空间

```
<html xmlns="http://www.w3.org/1999/xhtml" lang="en">
```

通常情况下，HTML 4.0 的代码是 <html>，“xmlns”是 XHTML namespace 的缩写，称为命名空间声明。XHTML 是 HTML 向 XML 过渡的标识语言，它需要符合 XML 的文档规则，因此，也需要定义命名空间。

【课堂练习 2-4-2】缺少命名空间声明

```
<!DOCTYPE html>
<head>
<title>Test</title>
</head>
<body>
</body>
</html>
```

使用直接输入验证 HTML 内容测试工具测试后，提示警告信息，结果如图 2-4-8 所示。

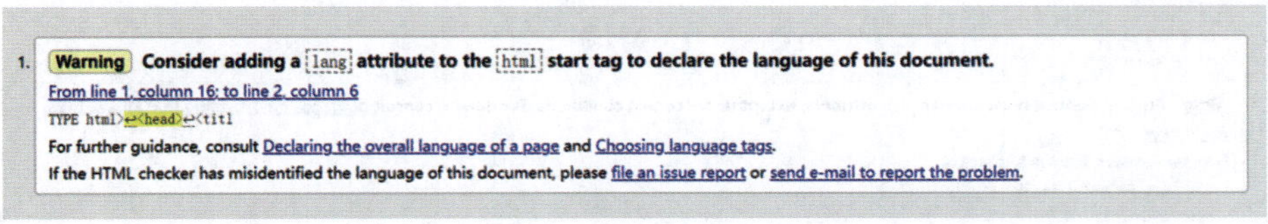

1. **Warning Consider adding a lang attribute to the html start tag to declare the language of this document.**
From line 1, column 16; to line 2, column 6
TYPE html>↩<head>↩<titl
For further guidance, consult Declaring the overall language of a page and Choosing language tags.
If the HTML checker has misidentified the language of this document, please file an issue report or send e-mail to report the problem.

图 2-4-8　缺少命名空间声明检测结果

根据警告提示，修改代码，改正后的代码如下：

```
<!DOCTYPE html>
<html lang="">
<head>
<title>Test</title>
</head>
<body>
</body>
</html>
```

3. 为图片添加 alt 属性

```
<img src="logo.gif" alt=" 缺少图片 " />
```

每张图片都带有属于自己的 alt 属性。

【课堂练习 2-4-3】缺少 alt 属性

```
<!DOCTYPE html>
<html lang="">
<head>
<title>Test</title>
</head>
<body>
<img src="logo.gif"/>
</body>
</html>
```

使用直接输入验证 HTML 内容测试工具测试后，提示错误信息，结果如图 2-4-9 所示。

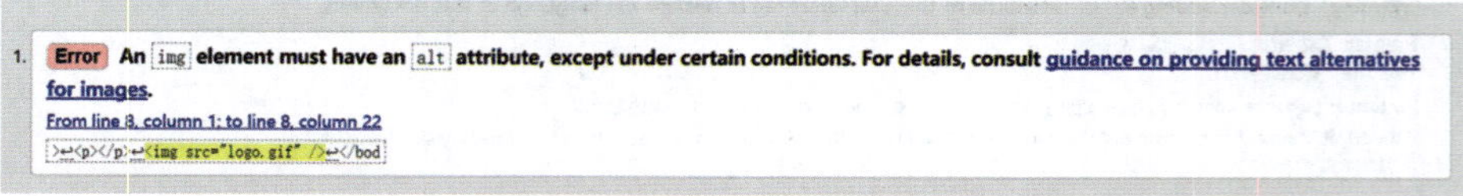

图 2-4-9　缺少 alt 属性检测结果

根据错误提示，修改代码，改正后的代码如下：

```
<!DOCTYPE html>
<html lang="">
<head>
<title>Test</title>
</head>
<body>
<img src="logo.gif" alt=" 缺少图片 " />
</body>
</html>
```

4. 给所有的属性值加引号

在 HTML 中，可以不用给属性值加引号，但是在 XHTML 中，必须给它们加引号。例如，<height=80> 必须修改为 <height="80">。

【课堂练习 2-4-4】缺少 alt 属性

```
<!DOCTYPE html>
<html lang="">
<head>
<title>Test</title>
</head>
<body>
<img src="logo.gif" alt=" 缺少图片 " height=80/>
</body>
</html>
```

使用直接输入验证 HTML 内容测试工具测试后，提示错误信息，结果如图 2-4-10 所示。

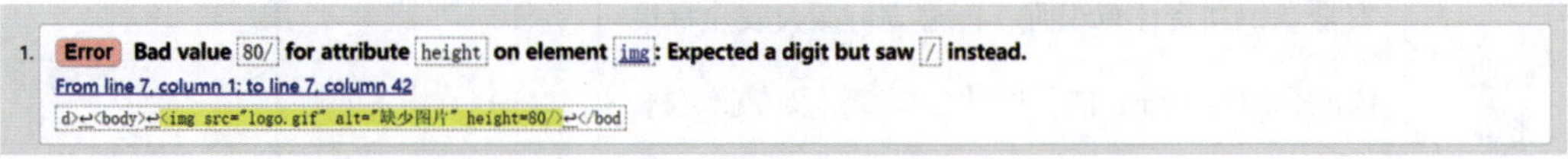

```
1. Error Bad value 80/ for attribute height on element img: Expected a digit but saw / instead.
From line 7, column 1; to line 7, column 42
d>↩<body>↩<img src="logo.gif" alt="缺少图片" height=80/>↩</bod
```

图 2-4-10　缺少 alt 属性检测结果

根据错误提示，修改代码，改正后的代码如下：

```
<!DOCTYPE html>
<html lang="">
<head>
<title>Test</title>
</head>
<body>
<img src="logo.gif" alt=" 缺少图片 " height="80"/>
</body>
</html>
```

任务实施

使用测试工具依次检测页面结构的定义代码和“标题导航”“子导航”“登记”“地图和位置”“会议和活动”“照片库”“推荐信”“要做的事情”“页脚”“版权”的代码，HTML 内容和 CSS 内容检测结果皆如图 2-4-11 所示。

图 2-4-11　HTML 内容和 CSS 内容检测结果

工作评价

根据任务完成情况，进行学习任务综合评价，见表 2-4-1。

表 2-4-1　学习任务综合评价

考核项目	评价内容	配分（分）	评价分数		
			自我评价	小组评价	教师评价
职业素养	安全意识和责任意识强，能遵守健康及安全标准	10			
	团队合作意识强，能与同学分享知识及专业资料	10			
	现场管理符合 8S 标准，能做好定期整理工作	10			

续表

考核项目	评价内容	配分（分）	评价分数		
			自我评价	小组评价	教师评价
专业能力	能复述 W3C 标准的概念	20			
	能列举 W3C 测试工具	20			
工作成果	能使用 W3C 标准工具测试页面	20			
	能对常见的错误进行修改	10			
总分		100			
综合评分	综合评分 = 自我评价 ×20%+ 小组评价 ×30%+ 教师评价 ×50%	教师（签名）:			

任务 5
综合实训：信息学院主页页面布局

学习目标

能完成信息学院主页页面规划、定义及布局。

任务描述

本任务要求根据效果图制作信息学院主页页面，如图 2-5-1 所示。具体要求如下：

图 2-5-1　信息学院主页页面

1. 规划信息学院内容页面结构。
2. 使用 HTML 定义信息学院内容页面结构。
3. 使用 CSS 布局信息学院内容页面结构。

任务实施

1. 规划页面结构

规划页面效果图如图 2-5-2 所示。

<table>
<tr><td colspan="2">页眉</td></tr>
<tr><td colspan="2">滚动图片</td></tr>
<tr><td colspan="2">校园要闻</td></tr>
<tr><td>通知公告</td><td>媒体聚焦</td></tr>
<tr><td>基层动态</td><td>校园风采</td></tr>
<tr><td colspan="2">页脚</td></tr>
</table>

图 2-5-2　规划页面效果图

2. 定义页面布局

```
<!DOCTYPE html>
<html lang="en">
<head>
    <meta charset="utf-8">
    <link rel="stylesheet" href="style.css" type="text/css">
    <title> 校园网站 </title>
</head>
<body>
```

```
        <header>
            <div class="head">
            </div>
        </header>
        <nav>
            <div id="nav">
            </div>
        </nav>
        <main>
            <div class="big"></div>
            <div class="content"></div>
            <div class="h5">
              <div class="h4"></div>
              <div class="h3"></div>
              <div class="h2"></div>
              <div class="pic"></div>
            </div>
          </main>
          <footer>
              <div class="footer"></div>
          </footer>
</body>
</html>
```

3. 定义 CSS 基础样式

```
/* 重置浏览器的默认样式 */
*{margin: 0;padding: 0;list-style: none;background: 0;}
/* 全局控制 */
        a:link,a:visited{color: #fff;text-decoration: none;}
```

```
        a:hover{text-decoration: none;}
        body{background: #FFF6F6 }
```

4. 制作“页眉”部分

（1）HTML 部分代码如下：

```
<header>
    <div class="head">
        <h5 class="xy"> 信息学院主页 </h5>
        <h5 class="right"> 校训：好好学习 天天向上 </h5>
    </div>
</header>
```

用 HTML 定义“页眉”部分的效果图如图 2-5-3 所示。

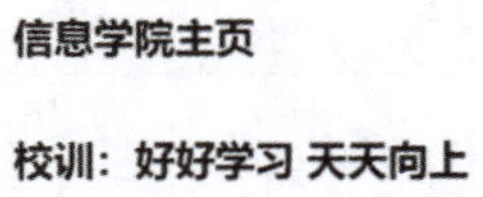

信息学院主页

校训：好好学习 天天向上

图 2-5-3　用 HTML 定义“页眉”部分的效果图

（2）CSS 部分代码如下：

```
.head {
    width: 100%;
    margin: 0 auto;
    height: 120px;
}
.xy {
    float: left;
    font-size: 32px;
    padding-left: 90px;
    margin-top: 42px;
    font-family: 微软雅黑 ;
}
```

```
.right {
    float: right;
    font-weight: 520;
    margin-right: 50px;
    font-size: 18px
}
```

用 CSS 布局“页眉”部分的效果图如图 2-5-4 所示。

校训：好好学习 天天向上

信息学院主页

图 2-5-4　用 CSS 布局“页眉”部分的效果图

5. 制作“导航”部分

（1）HTML 部分代码如下：

```
<nav>
  <div id="nav">
    <ul class="nav">
      <li><a href="#" class="one"> 首页 </a></li>
      <li><a href="#"> 学校概况 </a></li>
      <li><a href="#"> 院部在线 </a></li>
      <li><a href="#"> 党群工作 </a></li>
      <li><a href="#"> 招生就业 </a></li>
      <li><a href="#"> 学生工作 </a></li>
      <li><a href="#"> 校企合作 </a></li>
    </ul>
  </div>
</nav>
```

用 HTML 定义“导航”部分的效果图如图 2-5-5 所示。

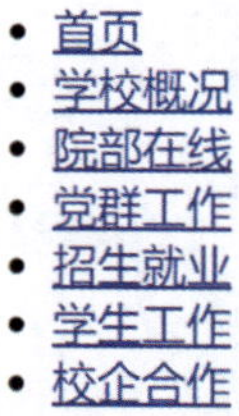

- 首页
- 学校概况
- 院部在线
- 党群工作
- 招生就业
- 学生工作
- 校企合作

图 2-5-5　用 HTML 定义“导航”部分的效果图

（2）CSS 部分代码如下：

```
#nav {
    width: 100%;
    background: #930E10;
}
.nav {
    width: 1010px;
    height: 40px;
    margin: 0 auto;
    text-align: center;
    line-height: 40px;
    font-size: 17px;
}
.nav li {
    float: left;
}
.nav a {
    display: inline-block;
    padding: 0 40px;
}
.nav a:link {
    color: #FFFFFF;
}
.nav a:visited {
```

```
    color: #FFFFFF;
}
.nav a:hover {
    background: #E58183;
}
.nav .one {
    background: #E58183;
}
```

用 CSS 布局“导航”部分的效果图如图 2-5-6 所示。

首页 学校概况 院部在线 党群工作 招生就业 学生工作 校企合作

图 2-5-6　用 CSS 布局“导航”部分的效果图

6. 制作“滚动图片”部分

（1）HTML 部分代码如下：

```
<div class="big">
    <img src="images/big5.jpg" alt="" class="big1">
</div>
```

用 HTML 定义“滚动图片”部分的效果图如图 2-5-7 所示。

图 2-5-7　用 HTML 定义“滚动图片”部分的效果图

（2）CSS 部分代码如下：

```
.big {
    width: 100%;
```

```
    height: 490px;
    position: relative;
}
.big1 {
    width: 100%;
    height: 460px
}
```

用 CSS 布局“滚动图片”部分的效果图如图 2-5-8 所示。

图 2-5-8　用 CSS 布局“滚动图片”部分的效果图

7. 制作“校园要闻”部分

（1）HTML 部分代码如下：

```
    <div class="content">
        <p style="font-size: 25px"> 校园要闻 </p>
        <br>
        <hr class="hr0">
        <div class="c1"> <img src="images/ 获奖 .jpg" alt="" class="huojiang"> <a href=
"#"> 向党的十九大献礼 </a> </div>
        <div class="c2"> <a href="#"> 我校教师参加技工院校通用职业素质课程教师
教学能力提升研讨会 </a>
        <hr class="hr1">
        <br>
```

```
        <a href="#"> 我校教师参加技工院校网络应用课程教师教学能力提升研讨会
</a>
        <hr class="hr1">
        <br>
        <a href="#"> 我校教师参加技工院校电子技术课程教师教学能力提升研讨会
</a>
        <hr class="hr1">
        <br>
        <a href="#"> 我校教师参加学院素质中心教研组年会 </a>
        <hr class="hr1">
      </div>
      <div class="c3"> <a href="#"> 我校教师参加计算机组装与维护课程教师教学能
力提升研讨会 </a>
        <hr class="hr1">
        <br>
        <a href="#"> 我校教师参加技工院校素质年会 </a>
        <hr class="hr1">
        <br>
        <a href="#"> 我校教师参加技工院校图像处理课程教师教学能力提升研讨会
</a>
        <hr class="hr1">
        <br>
        <a href="#"> 我校教师参加技师院校教育课程教师教学能力提升研讨会 </a>
        <hr class="hr1">
        </div>
        <div class="cha"> <a href="#"> 查看更多 </a> </div>
      </div>
```

用 HTML 定义“校园要闻”部分的效果图如图 2-5-9 所示。

图 2-5-9　用 HTML 定义“校园要闻”部分的效果图

（2）CSS 部分代码如下：

```
.content {
    width: 980px;
    height: 310px;
    margin: 0 auto;
}
.hr0 {
    height: 1px;
    border: none;
    border-top: 2px solid #8C1012;
}
.hr1{
    height: 1px;
    border: none;
    border-top: 1px solid #ccc;
}
```

```
.c1 {
    width: 25%;
    height: 200px;
    margin-top: 20px;
    float: left
}
.c1 .huojiang {
    width: 250px;
}
.c1 a:link, a:visited {
    color: #000;
}
.c1 a:hover {
    color: #AB1215;
}
.c1 .p1 {
    font-size: 12px;
    font-family: 微软雅黑 ;
    line-height: 17px;
    color: #4D4646;
    margin-top: 5px;
}
.c2 {
    width: 30%;
    float: left;
    margin-left: 75px;
    margin-top: 17px;
}
.c2 a {
    font-size: 14px;
```

```
    line-height: 23px;
}
.c2 a:link, a:visited {
    color: #000;
}
.c2 a:hover {
    color: #AB1215;
}
.c3 a:link, a:visited {
    color: #000;
}
.c3 a:hover {
    color: #AB1215;
}
.c3 a {
    font-size: 14px;
    line-height: 23px;
}
.c3 {
    float: left;
    width: 30%;
    margin-top: 17px;
    margin-left: 72px
}
.cha a:link, a:visited {
    color: #AB1215;
    float: right;
    margin-top: 12px;
    margin-right: 10px;
```

```
        font-size: 13px;
}
.cha a:hover {
        text-decoration: underline;
}
```

用 CSS 布局“校园要闻”部分的效果图如图 2-5-10 所示。

图 2-5-10　用 CSS 布局“校园要闻”部分的效果图

8. 制作“通知公告”和“媒体聚焦”部分

（1）HTML 部分代码如下：

```
<div class="h4">
        <p style="font-size: 24px"> 通知公告 </p>
        <br>
        <hr class="hr0">
        <p><span class="font">2018 12/01</span>  2018 届毕业生求职创业补贴申报名单公示 </p>
        <p><span class="font">2019 11/12</span>  2019 年度托利多教育奖励基金申报名单公示 </p>
        <p><span class="font">2019-11-29</span>  2019 届毕业生求职创业补贴申报名单公示 </p>
```

```
        <p><span class="font">2019 12/10</span>  2019 届毕业生求职创业补贴申报名单公示 </p>
    </div>
    <div class="h3">
        <p style="font-size: 24px"> 媒体聚焦 </p>
        <br>
        <hr class="hr0">
        <p><span class="font">2018 12/10</span>  学院：首届全国技工院校 创业创新大赛获佳绩 </p>
        <p><span class="font">2019 12/11</span> [ 远方的家 ] 长江行（86）创新英才 汇聚常州 </p>
        <p><span class="font">2020 12/12</span>  首届江城智能制造应用技术技能大赛学院获三项第一名 </p>
        <p><span class="font">2020 12/12</span>  第二届江城制造应用技术技能大赛学院获四项第一名 </p>
</div>
```

用 HTML 定义“通知公告”和“媒体聚焦”部分的效果图如图 2-5-11 所示。

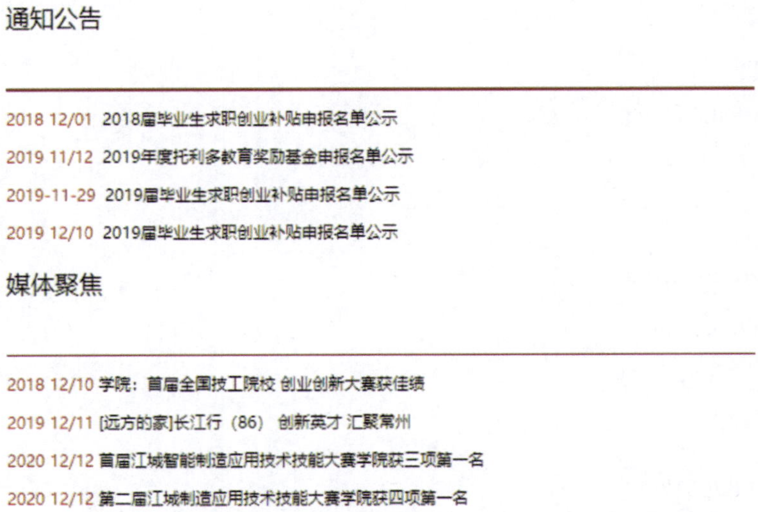

通知公告

2018 12/01 2018届毕业生求职创业补贴申报名单公示

2019 11/12 2019年度托利多教育奖励基金申报名单公示

2019-11-29 2019届毕业生求职创业补贴申报名单公示

2019 12/10 2019届毕业生求职创业补贴申报名单公示

媒体聚焦

2018 12/10 学院：首届全国技工院校 创业创新大赛获佳绩

2019 12/11 [远方的家]长江行（86） 创新英才 汇聚常州

2020 12/12 首届江城智能制造应用技术技能大赛学院获三项第一名

2020 12/12 第二届江城制造应用技术技能大赛学院获四项第一名

图 2-5-11 用 HTML 定义“通知公告”和“媒体聚焦”部分的效果图

（2）CSS 部分代码如下：

```
.h5 {
        height: 590px;
        padding-top: 20px;
        width: 980px;
        margin: 0 auto;
}
.h4 {
        width: 43%;
        float: left;
        margin-top: 15px;
}
.h4 p {
        font-size: 14px;
        line-height: 25px;
        margin-top: 10px;
}
.h3 {
        width: 43%;
        float: left;
        margin-left: 120px;
}
.h3 p {
        font-size: 14px;
        margin-top: 20px;
}
.font{
        color: #B71517;
        display: inline;
}
```

用 CSS 布局“通知公告”和“媒体聚焦”部分的效果图如图 2-5-12 所示。

通知公告

2018 12/01 2018届毕业生求职创业补贴申报名单公示
2019 11/12 2019年度托利多教育奖励基金申报名单公示
2019-11-29 2019届毕业生求职创业补贴申报名单公示
2019 12/10 2019届毕业生求职创业补贴申报名单公示

媒体聚焦

2018 12/10 学院：首届全国技工院校 创业创新大赛获佳绩
2019 12/11 [远方的家]长江行（86） 创新英才 汇聚常州
2020 12/12 首届江城智能制造应用技术技能大赛学院获三项第一名
2020 12/12 第二届江城制造应用技术技能大赛学院获四项第一名

图 2-5-12 用 CSS 布局“通知公告”和“媒体聚焦”部分的效果图

9. 制作“基层动态”和“校园风采”部分

（1）HTML 部分代码如下：

```
<div class="h2">
        <p style="font-size: 24px ; text-align:left"> 基层动态 </p>
        <br>
        <hr class="hr0">
        <img src="images/big3.jpg" alt="" class="big3">
        <p class="p1"> 奋进新时代，建设明星城 | 龙城工匠成常州靓丽名片，每万名劳
动者中高技能人才数达 1143 人。</p>
        <p class="p1"> 公共实训中心开展 2019 级新生职业适应性规划第二阶段活动。
</p>
    </div>
    <div class="pic">
        <p style="font-size: 24px"> 校园风采 </p>
        <br>
        <hr class="hr0">
        <br>
        <img src="images/pic1.jpg" alt="" class="pic1">
        <img src="images/pic2.jpg" alt="" class="pic2">
        <img src="images/pic3.jpg" alt="" class="pic3">
        <img src="images/pic4.jpg" alt="" class="pic4">
        <img src="images/pic5.jpg" alt="" class="pic5">
```

```
        <img src="images/pic6.jpg" alt="" class="pic6">
</div>
```

用 HTML 定义“基层动态”和“校园风采”部分的效果图如图 2-5-13 所示。

基层动态

奋进新时代，建设明星城 | 龙城工匠成常州靓丽名片，每万名劳动者中高技能人才数达1143人。

公共实训中心开展2019级新生职业适应性规划第二阶段活动。

校园风采

图 2-5-13　用 HTML 定义“基层动态”和“校园风采”部分的效果图

（2）CSS 部分代码如下：

```
.pic {
    width: 43%;
    float: left;
    margin-left: 550px;
}
.pic1 {
    margin-left: 32px;
```

```
    margin-bottom: 10px;
}
.pic2 {
    height: 65px;
    margin-bottom: 10px;
}
.pic3 {
    height: 66px;
    margin-bottom: 10px;
}
.pic4 {
    margin-left: 32px;
}
.pic6 {
    height: 64px;
}
.pic .pic1, .pic .pic2, .pic .pic3, .pic .pic4, .pic .pic5, .pic .pic6 {
    width: 100px;
    border: 7px solid #AFAAAB;
    filter: brightness(1.2) grayscale(0.9);
}
```

用 CSS 布局“基层动态”和“校园风采”部分的效果图如图 2-5-14 所示。

基层动态

奋进新时代，建设明星城 | 龙城工匠成常州靓丽名片，每万名劳动者中高技能人才数达1143人。

公共实训中心开展2019级新生职业适应性规划第二阶段活动。

校园风采

图 2-5-14　用 CSS 布局“基层动态”和“校园风采”部分的效果图

10. 制作“页脚”部分

（1）HTML 部分代码如下：

```
<footer>
   <div class="footer">
      <p> 版权所有：&copy; 信息学院主页   |  联系方式：hello@example.
com|  地址：汴京路 80 号  
      </p>
   </div>
</footer>
```

用 HTML 定义“页脚”部分的效果图如图 2-5-15 所示。

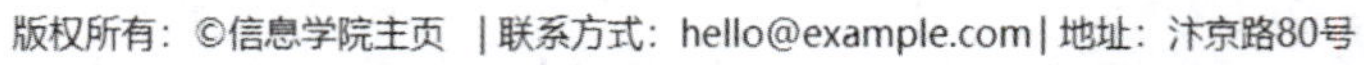

版权所有：©信息学院主页 | 联系方式：hello@example.com | 地址：汴京路80号

图 2-5-15　用 HTML 定义“页脚”部分的效果图

（2）CSS 部分代码如下：

```
.footer {
      width: 100%;
      background: #A31012;
      height: 50px;
}
.footer p {
      text-align: center;
      color: #fff;
      line-height: 50px;
}
```

用 CSS 布局“页脚”部分的效果图如图 2-5-16 所示。

版权所有：©信息学院主页 | 联系方式：hello@example.com | 地址：汴京路80号

图 2-5-16　用 CSS 布局“页脚”部分的效果图

11. 使用 W3C 标准工具测试页面

（1）使用测试工具验证 HTML 代码，测试结果如图 2-5-17 所示。

Nu Html Checker

This tool is an ongoing experiment in better HTML checking, and its behavior remains subject to change

Showing results for index.html

Checker Input

Show source outline image report Options...

Check by file upload 选择文件 未选择任何文件

Uploaded files with .xhtml or .xht extensions are parsed using the XML parser.

Check

Document checking completed. No errors or warnings to show.

Used the HTML parser.

Total execution time 13 milliseconds.

About this checker • Report an issue • Version: 20.4.8

图 2-5-17 HTML 代码测试结果图

（2）使用测试工具验证 CSS 代码，测试结果如图 2-5-18 所示。

图 2-5-18 CSS 代码测试结果图

工作评价

根据任务完成情况，进行学习任务综合评价，见表 2-5-1。

表 2-5-1 学习任务综合评价

考核项目	评价内容	配分（分）	评价分数		
			自我评价	小组评价	教师评价
职业素养	安全意识和责任意识强，能遵守健康及安全标准	10			
	团队合作意识强，能与同学分享知识及专业资料	10			
	现场管理符合 8S 标准，能做好定期整理工作	10			

续表

考核项目	评价内容	配分（分）	评价分数		
			自我评价	小组评价	教师评价
专业能力	能使用常用 HTML 标签定义页面结构	10			
	能使用 CSS 布局及美化页面	10			
工作成果	能设计及规划内容页面结构	10			
	能正确完成信息学院内容页面定义及布局	40			
总分		100			
综合评分	综合评分 = 自我评价 ×20%+ 小组评价 ×30%+ 教师评价 ×50%	教师（签名）:			

项目三
“V 酒店”移动端页面布局

随着互联网的发展，越来越多的企业建立了专属网站进行网络营销。移动互联网的发展和智能手机的普及，使得移动端用户的数量与日俱增。但移动端设备与PC 端的屏幕大小存在很大的差别，使用移动端浏览为 PC 端设计的页面会带来很大的不便，影响了企业网站为企业做宣传。因此，需要针对移动设备的屏幕特点，对企业网站进行改版或者重新设计。为了提高用户在移动端的体验度，“V 酒店”计划对现有网站的内容进行移动端页面改版。

任务 1 分析任务与规划页面

学习目标

1. 能叙述标注软件的概念及作用。
2. 能列举常用的标注软件。
3. 掌握常用标注软件的使用方法。
4. 能根据需求使用标注软件标注网页效果图。
5. 能使用标注软件在网页效果图上标注网页元素。

任务描述

网页 UI 设计师完成了“V 酒店”移动端效果设计，Web 前端设计师为了高效完成页面布局和开发工作，需要在效果图上进行标注。具体要求如下：

1. 使用距离标注、区域标注、坐标点标注工具标注元素宽度、高度和内外边距。
2. 使用颜色标注工具标注背景颜色和字体颜色。
3. 使用文字标注工具标注模块名称和备注信息。
4. 画出页面结构分析图。

相关知识

一、标注软件的概念及作用

标注软件是指专门用于在图片上进行标注的软件。

标注软件提供长度、颜色、坐标等用于测量的基本工具，并自动记录长度、色号、坐标值以及对应的测量点、线段和箭头；提供智能标注设计图、智能生成 CSS 代码、转换数值单位等高级功能；部分标注软件还加入了项目管理、团队协作、版本管理、交互演示等大型项目开发功能，以及一些特色的流程和理念，如摹客的柔性工作流等。

二、常用的标注软件

标注软件有很多，但各款标注软件都提供了相似的基本功能，都能满足标注的需要，只需要选取其中一款即可。

1. PxCook 像素大厨

PxCook 像素大厨官网地址：https://www.fancynode.com.cn/pxcook，界面如图 3-1-1 所示。

图 3-1-1　PxCook 像素大厨官网界面

2. 马克鳗

马克鳗官网地址：http://www.getmarkman.com/，界面如图 3-1-2 所示。

图 3-1-2　马克鳗官网界面

3. 摹客

摹客官网地址：https://www.mockplus.cn/，界面如图 3-1-3 所示。

图 3-1-3　摹客官网界面

三、标注软件的使用方法

标注软件通常包含距离标注、区域标注、颜色标注、文字标注和坐标点标注等基本工具，如图 3-1-4 所示（左侧红色方框）。

图 3-1-4　PxCook 像素大厨界面中的工具栏

下面以 PxCook 像素大厨为例介绍标注软件的使用方法。

1. 创建项目、调整工作区的方法

（1）打开 PxCook，新建项目，输入本项目名称“V 酒店”，选择“Web”作为代码输出，单击“创建本地项目”按钮，即可完成项目的创建。“创建项目”对话框如图 3-1-5 所示，创建项目后的界面如图 3-1-6 所示。

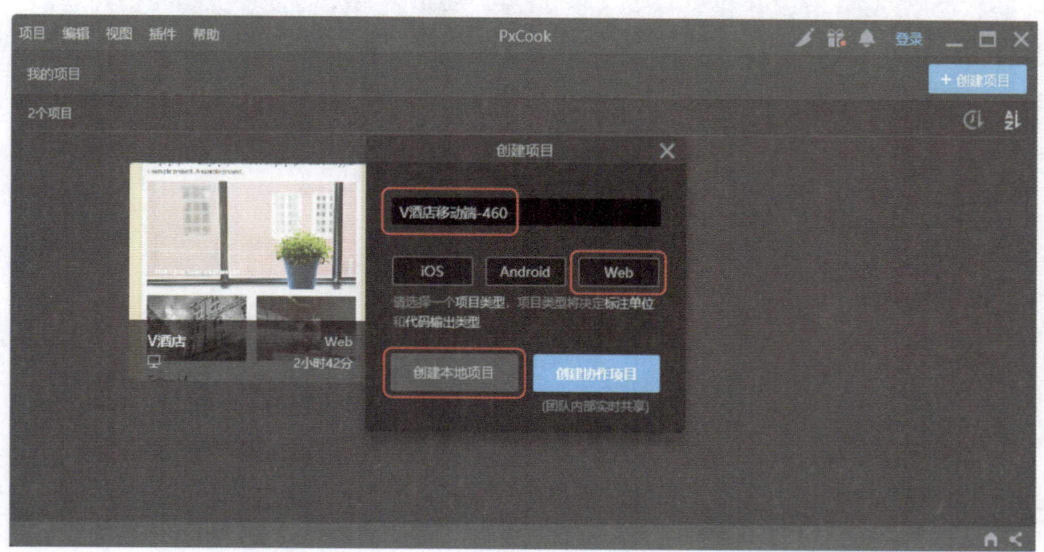

图 3-1-5 “创建项目”对话框

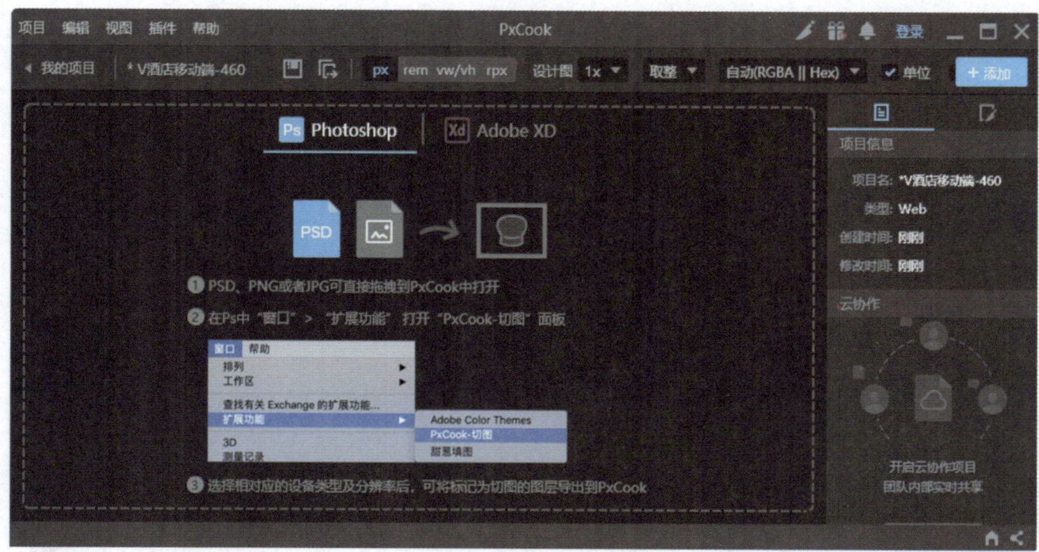

图 3-1-6 创建项目后的界面

（2）把“V 酒店”移动端网页效果图拖入工作区，或者单击图 3-1-6 右上角的“添加”按钮，选择效果图文件。打开效果图后，使用快捷方式 Ctrl+“+”组合键放大显示比例。按住空格键，用鼠标拖动效果图至屏幕中间。将“V 酒店”移动端网页效果图的顶部放大、居中，布满整个工作区，如图 3-1-7 所示。

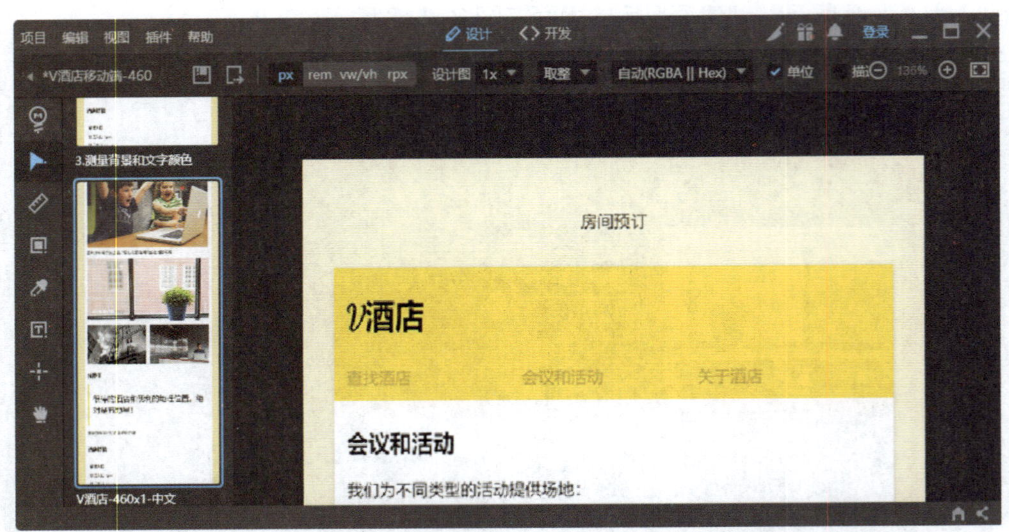

图 3-1-7 打开效果图并调整显示比例和位置

2. 距离标注工具的使用方法

选择左侧工具栏中的“距离工具”，测量效果图宽度。按住鼠标左键从效果图左边移动到右边，松开鼠标左键完成测量，如图 3-1-8 所示。效果图的两端各

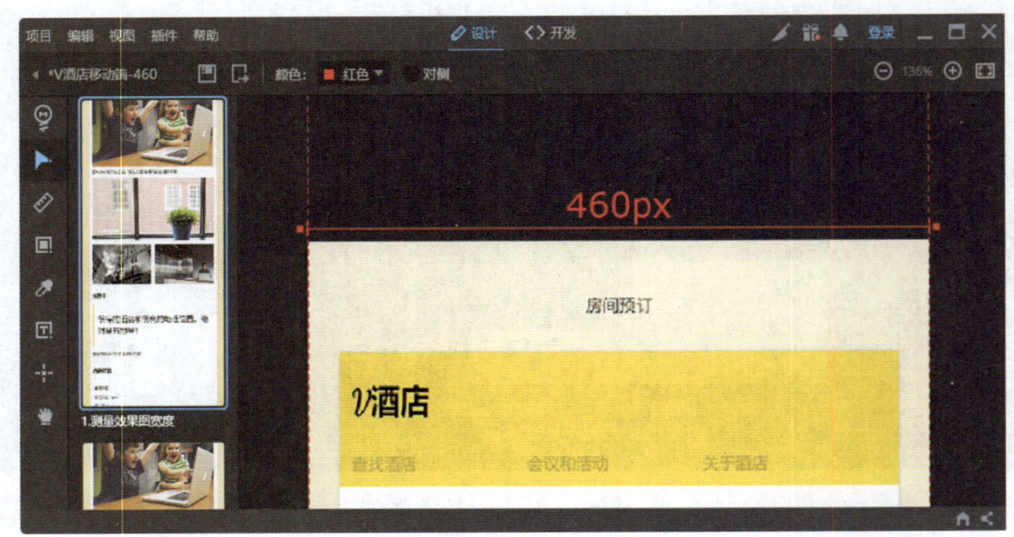

图 3-1-8 测量效果图宽度

有一条表示测量起点和终点的尺寸界线（红色短实线）、尺寸界线延长线（红色虚线）、连接起点和终点的尺寸线以及尺寸线上方的数值和单位。测量得出移动端页面宽度为 460 像素（px）。

3. 区域标注工具的使用方法

选择左侧工具栏中的“区域标注”，测量黄色区域的尺寸。按住鼠标左键从该区域左上角移动到右下角，松开鼠标左键完成测量，如图 3-1-9 所示。黄色区域被红色直线围绕，四个角和四条边中间各有一个正方形控制点，模块的上边和左边有表示模块宽度和高度的数值与单位。测量得出黄色区域的宽度为 414 像素，高度为 97 像素。

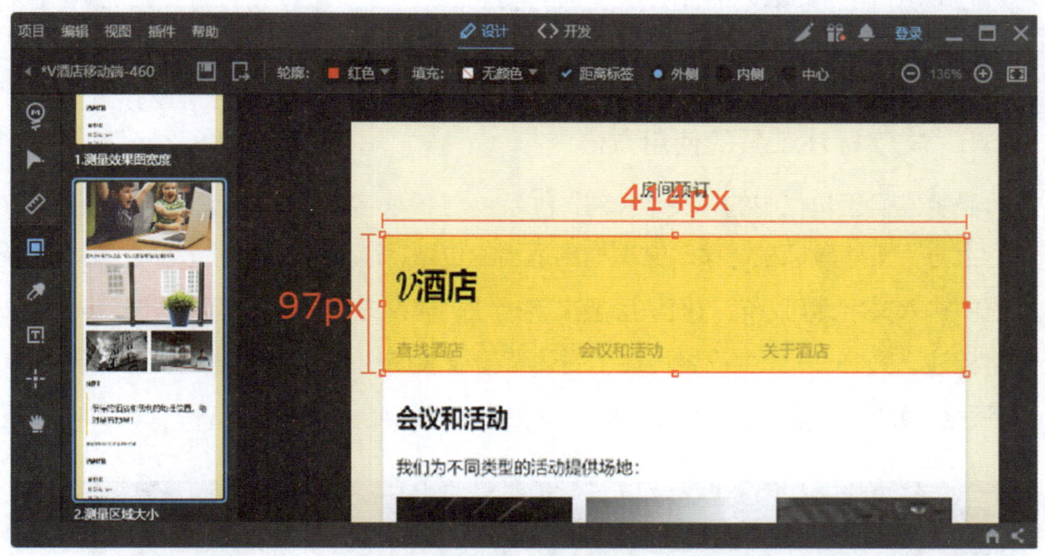

图 3-1-9 测量区域大小

4. 颜色标注工具的使用方法

选择左侧工具栏中的“颜色标注”，测量背景和文字颜色。将光标移动到背景或文字上方，此时光标右侧预览区域会放大显示当前的像素颜色，并以 RGB 的形式显示颜色色标。然后按住鼠标左键移动色标到适当的位置，以不阻挡其他元素为宜，如图 3-1-10 所示。测量可得 3 个模块的背景色，色标为 #faefc8、#ffd703、#ffffff；测量可得 3 处文字的颜色，色标为 #000000、#bda72e、#000000，其中两处文字的颜色色标相同，是页面默认的字体颜色。

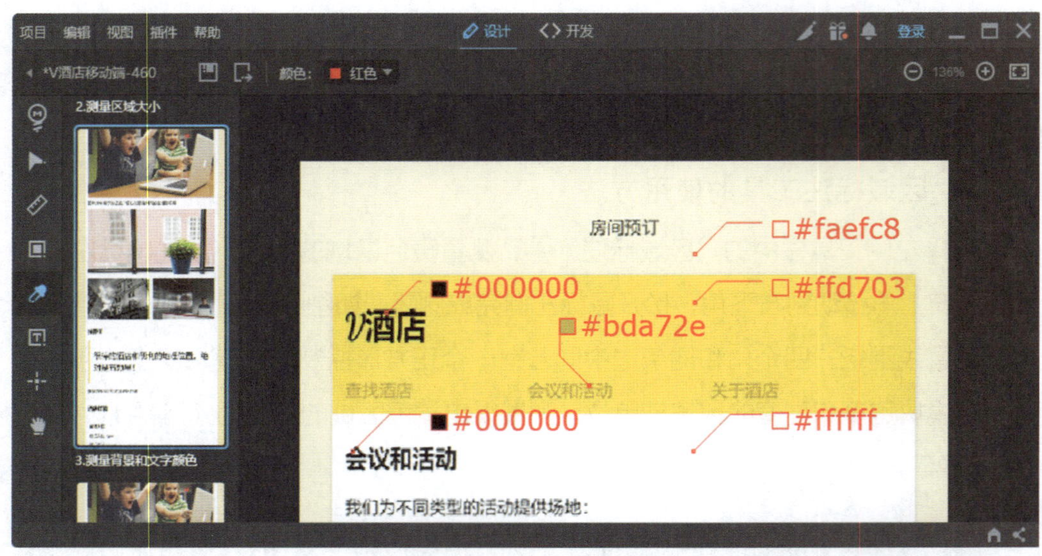

图 3-1-10　测量背景和文字颜色

5. 文字标注工具的使用方法

选择左侧工具栏中的“文字标注”[T]，标注模块名称。将光标移动到需标注对象的上方，按住鼠标左键移动文本框到适当的位置，以不阻挡其他元素为宜，在文本框中输入文字即可。若对模块添加文字标注，建议先使用区域标注框选，再添加文字标注。图 3-1-11 中已经标注了主体背景模块使用的标签和类，用区域标注框选子导航模块，并标注该模块使用的标签和类。

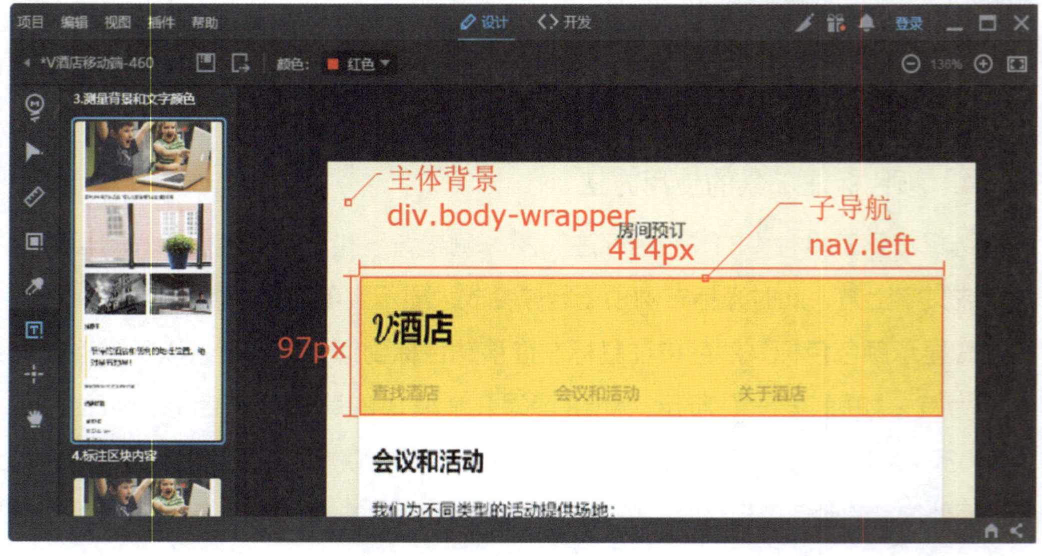

图 3-1-11　标注区块内容

6. 坐标点标注工具的使用方法

选择左侧工具栏中的“坐标点标注” -¦-，将光标移动到需标注像素的上方并单击，坐标原点在效果图的左上角，如图 3-1-12 所示。图中标注了效果图左上角和黄色区域左上角的坐标。

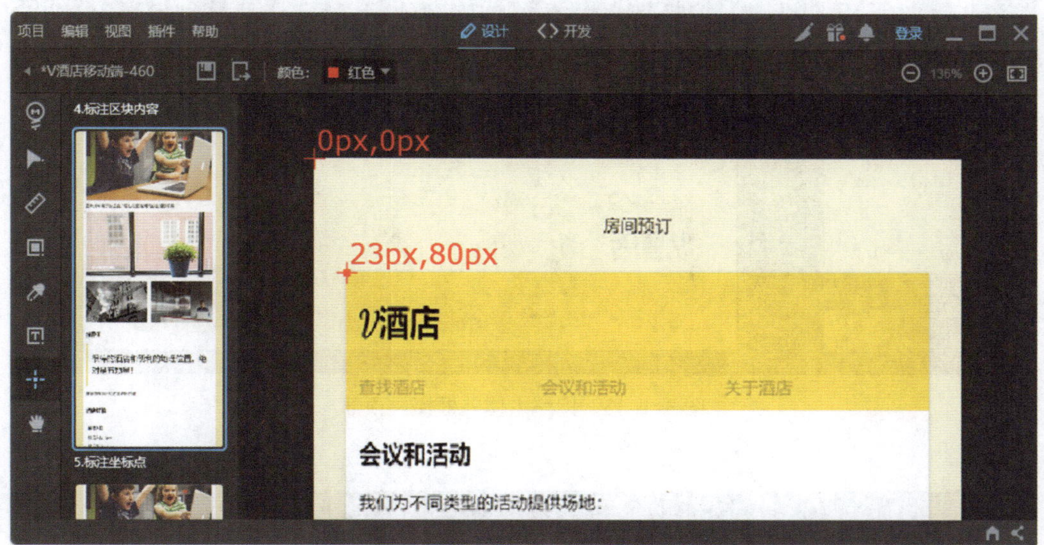

图 3-1-12　标注坐标点

> **小贴士**
>
> 标注后，可以使用“选择工具”对标注进行移动和调整。

任务实施

1. 标注网页最外层结构模块

网页最外层分为主体外框模块和脚部模块，由于效果图过长，仅截取了部分内容，如图 3-1-13 和图 3-1-14 所示。主体外框模块顶部背景色为 #f8ecc8，底部背景色为 #f8e192，为渐变色。

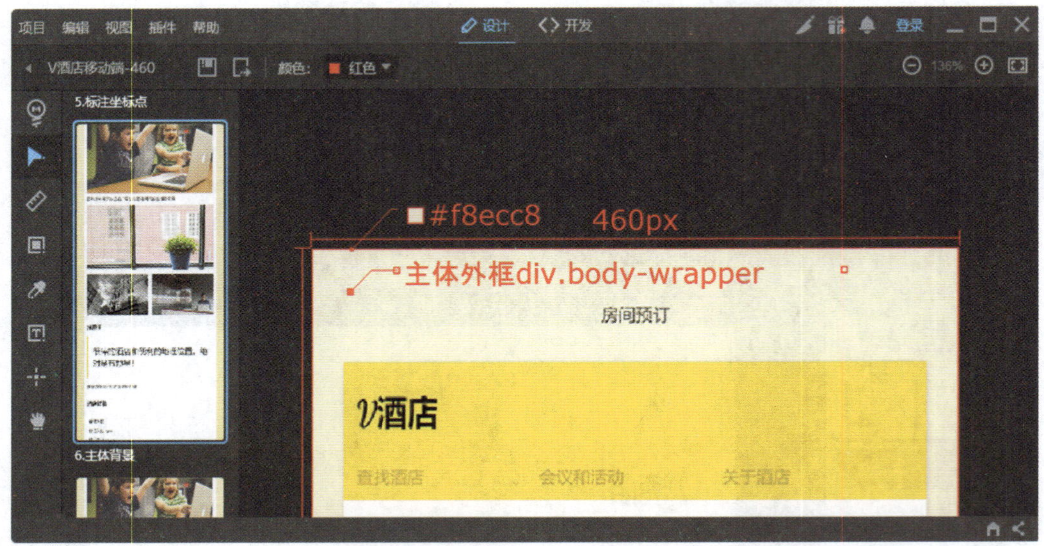

图 3-1-13　标注主体外框模块顶部

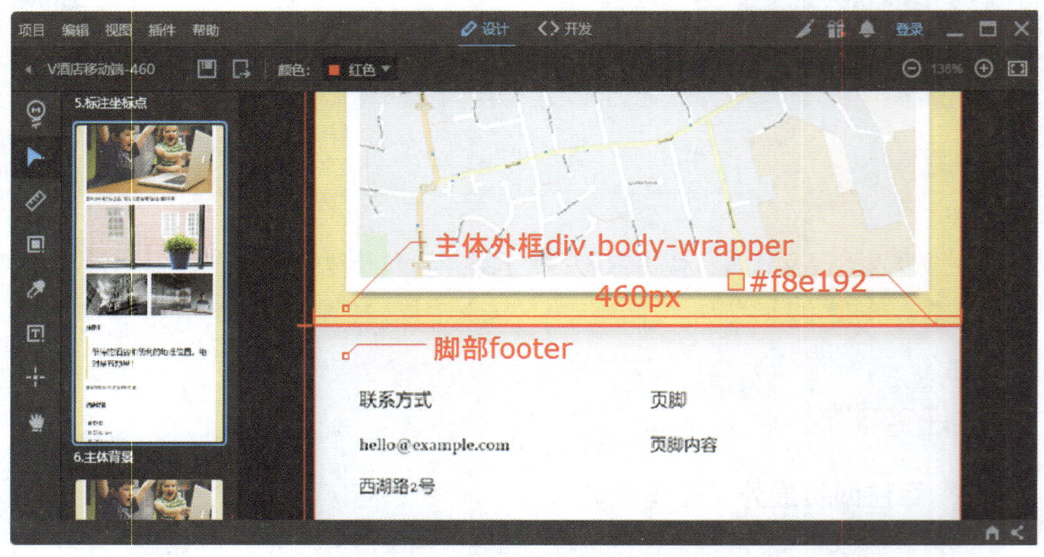

图 3-1-14　标注主体外框模块底部和脚部模块

2. 标注网页次级结构模块

（1）标注主体背景的次级模块——主要内容外框模块，如图 3-1-15 和图 3-1-16 所示。主体背景模块和主要内容外框模块上边重合，主要内容外框模块底部有阴影，左右和下边距离均为 23 像素。

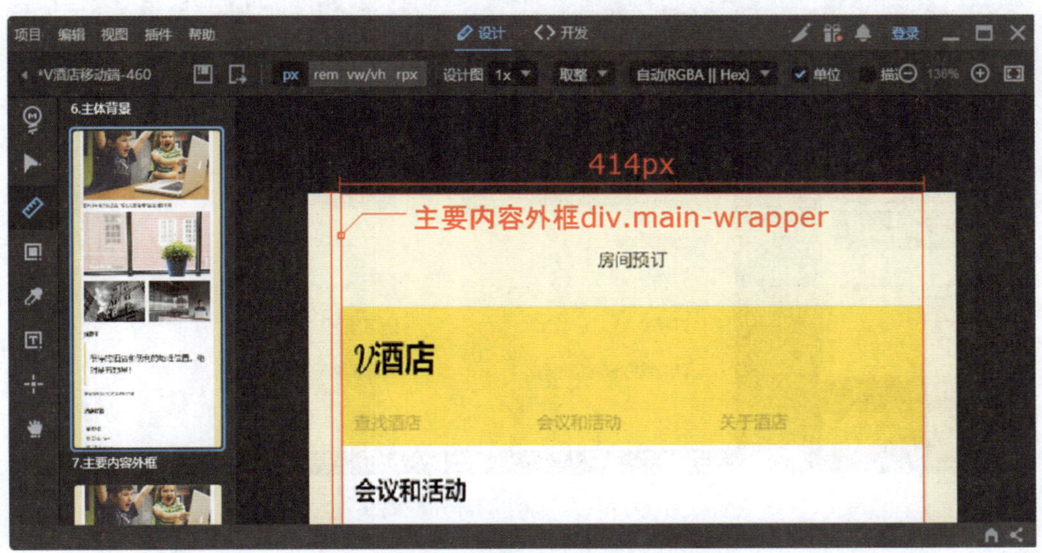

图 3-1-15　标注主要内容外框模块顶部

图 3-1-16　标注主要内容外框模块底部

（2）标注脚部模块的次级模块——脚部外框模块，如图 3-1-17 所示，脚部模块与脚部外框模块完全重合，脚部外框模块有内阴影。

3. 标注子模块

为了更清晰地显示主要内容，这里只显示当前子模块的标注。

（1）标注头部模块，如图 3-1-18 所示。

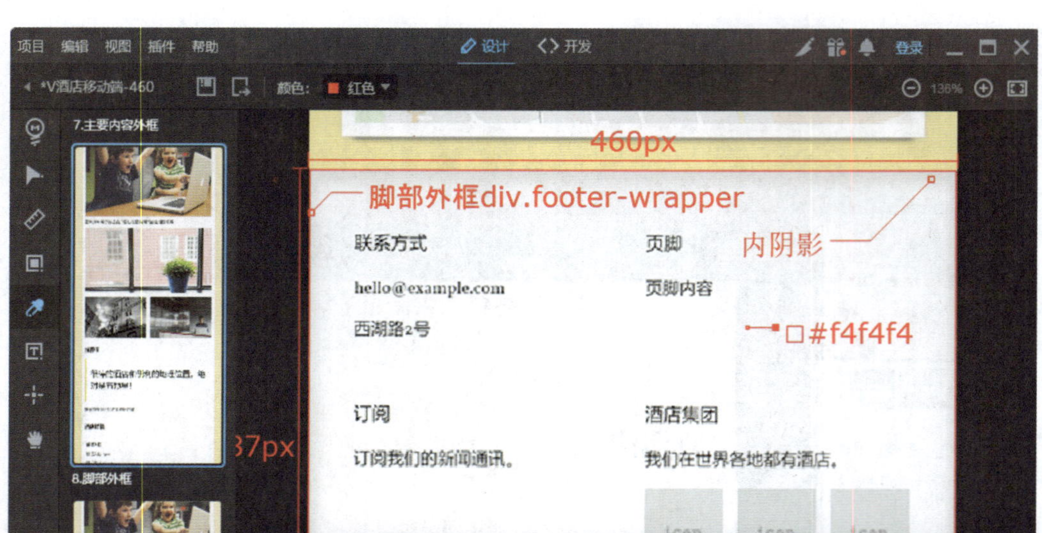

图 3-11-17　标注脚部外框模块

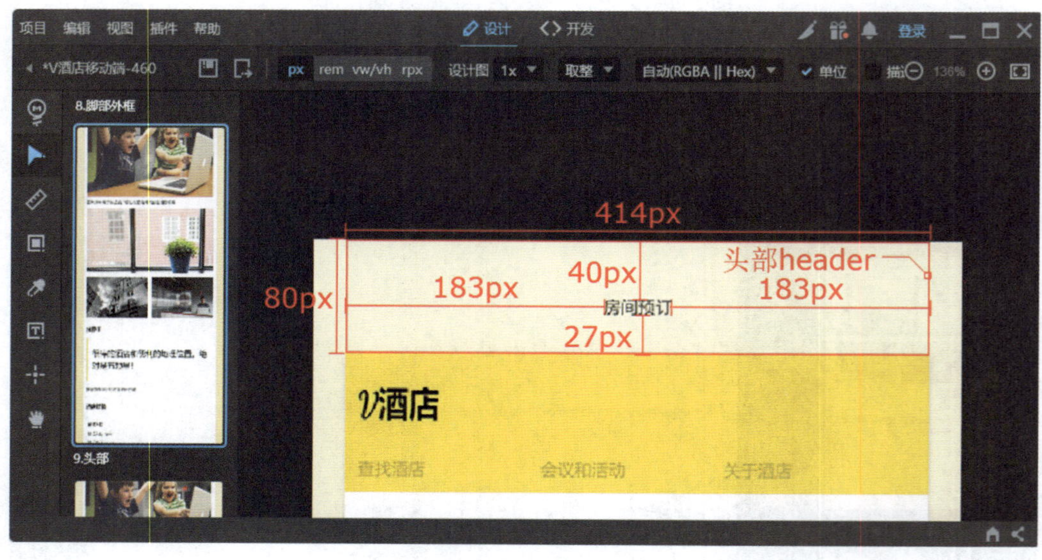

图 3-1-18　标注头部模块

（2）标注主要内容模块，如图 3-1-19 和图 3-1-20 所示。

（3）标注主要内容模块的子模块——子导航模块（图 3-1-21）和右侧模块，右侧模块包括会议模块和详情模块。上述模块名称与 PC 端页面各模块相对应。

（4）标注子模块会议模块、推荐信模块、登记模块和地图模块。由于内容较多，标注方法大致相同，不再一一描述。

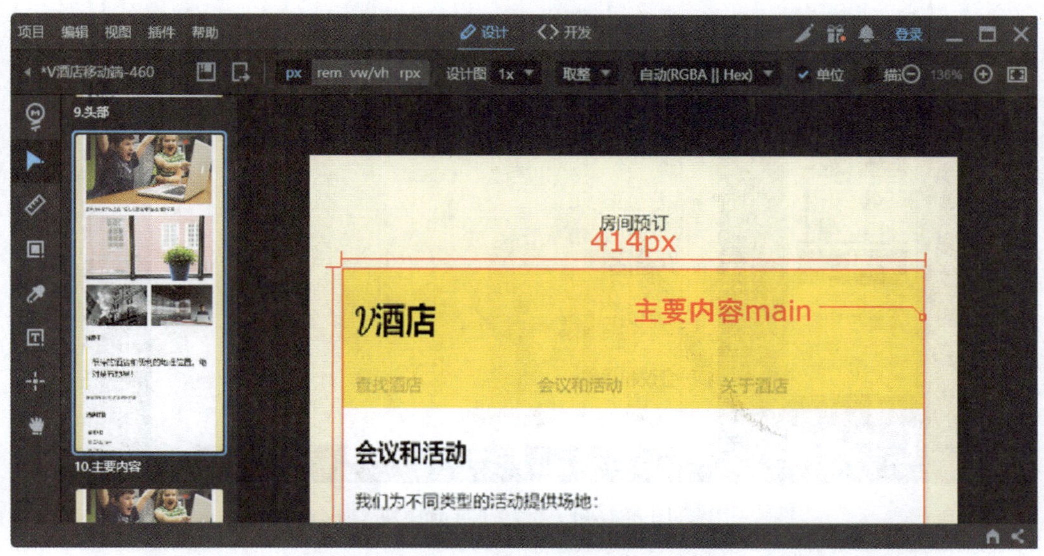

图 3–1–19　标注主要内容模块顶部

图 3–1–20　标注主要内容模块底部

4. 画出“V 酒店”移动端页面的结构分析图

“V 酒店”移动端页面的结构分析图如图 3–1–22 所示。

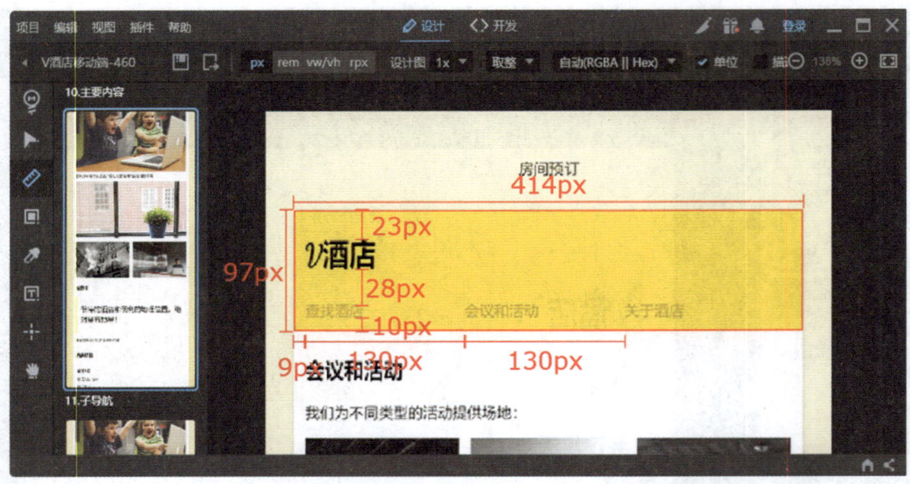

图 3-1-21 标注子导航模块

图 3-1-22 “V 酒店”移动端页面的结构分析图

工作评价

根据任务完成情况，进行学习任务综合评价，见表 3-1-1。

表 3-1-1　学习任务综合评价

考核项目	评价内容	配分（分）	评价分数		
			自我评价	小组评价	教师评价
职业素养	安全意识和责任意识强，能遵守健康及安全标准	10			
	团队合作意识强，能与同学分享知识及专业资料	10			
	现场管理符合 8S 标准，能做好定期整理工作	10			
专业能力	能复述标注软件的概念及作用	20			
	能正确使用常用的标注软件	20			
工作成果	能使用标注软件在“V 酒店”移动端网页效果图上标注页面结构和元素	20			
	能正确进行页面结构分析	10			
总分		100			
综合评分	综合评分 = 自我评价 ×20%+ 小组评价 ×30%+ 教师评价 ×50%	教师（签名）：			

任务 2
采用 rem 方式进行页面布局

学习目标

1. 能叙述 rem 的概念和优点。
2. 能描述用 rem 布局的步骤。
3. 能描述用浏览器模拟移动设备显示效果的步骤。
4. 能采用 rem 方式进行移动端页面布局。

任务描述

网页 UI 设计师已经完成了“V 酒店”移动端网页效果图设计，内容素材也已准备就绪，已有“V 酒店”PC 端内容页面代码，现需要 Web 前端工程师对比移动端与 PC 端页面结构的区别，修改 CSS 代码，调整页面结构，并采用 rem 方式进行移动端页面布局。具体要求如下：

1. 采用 rem 方式进行移动端页面布局。
2. 使用浏览器模拟页面在移动设备上的显示效果。

相关知识

一、rem 的概念

rem 是 CSS 3 引入的一个相对单位，全称为“font size of the root element”，意思是根据网页的根元素来设置字体的大小。rem 可以设置在作用于非根元素时，相对于根元素字体的大小；在作用于根元素时，相对于其初始字体的大小。示例代码如下：

```
/* 作用于根元素时，相对于初始字体的大小（16px），所以 html 的 font-size 为 32px */
html {font-size: 2rem}

/* 作用于非根元素，相对于根元素字体的大小，所以为 64px */
p {font-size: 2rem}
```

rem 是一种移动端适配方案，在布局过程中，可以先把元素大小从以 px 为单位的固定数值换算成以 rem 为单位的相对于根字体大小的数值，再动态设置 HTML 的 font-size，从而使网页在不同屏幕大小的设备上均能获得同样的显示效果。

二、rem 的优点

rem 的优点是能够等比例缩放网页，使页面在不同屏幕大小的设备上显示的效果一致，完全还原效果图。例如，采用传统布局的页面在屏幕尺寸为 460 px 和 320 px 的设备上显示的效果不一致，而采用 rem 布局的页面在屏幕尺寸为 460 px 和 320 px 的设备上显示的效果是一致的，如图 3-2-1 ~ 图 3-2-4 所示。

图 3-2-1　传统布局 460 px 屏幕尺寸下的显示效果

图 3-2-2　传统布局 320 px 屏幕尺寸下的显示效果

图 3-2-3 rem 布局 460 px 屏幕尺寸下的显示效果

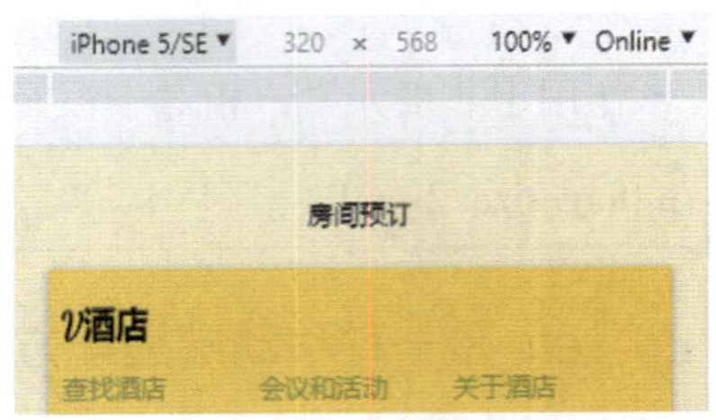

图 3-2-4 rem 布局 320 px 屏幕尺寸下的显示效果

三、rem 布局的步骤

rem 布局主要包括以下几个步骤：

1. 引入 <meta> 标签

示例代码如下：

```
<meta name="viewport" content="width=device-width, initial-scale=1.0, maximum-scale=1.0,
user-scalable=0">
```

示例代码各部分的作用见表 3-2-1。

表 3-2-1 示例代码各部分的作用

代码	作用
name="viewport"	声明浏览器窗口的内容区域
width=device-width	宽度等于设备宽度
initial-scale=1.0	页面初始缩放值
maximum-scale=1.0	允许用户缩放到的最大比例，默认值是 0.5，范围为 0 ~ 10.0
user-scalable=0	用户是否可以手动缩放。yes/true：允许用户缩放；no/false：不允许用户缩放

2. 计算元素 rem 数值

由 rem 的概念可知，rem 是相对于根元素字体大小的相对数值，元素 rem 数值计算公式如下：

根元素字体 rem 数值 = 1 rem 元素 rem 数值 = 元素大小具体数值 / 根元素字体大小

例如，某网页效果图中的根元素字体大小为 16 px，现有一个长、宽均为 160 px 的 div，根据公式，可以计算出该网页根元素字体 rem 数值为 1 rem，div 元素 rem 数值为 160/16 =10 rem。

在实际工作中，通常引入一个页面基准值作为被除数去计算元素 rem 数值。因此，可以得到以下公式：

根元素字体 rem 数值 = 根元素字体大小数值 / 页面基准值 元素 rem 数值 = 元素大小具体数值 / 页面基准值

例如，某网页效果图中的根元素字体大小为 16 px，现有一个长、宽均为 160 px 的 div，页面基准值为 37.5 px。根据公式，可以计算出该网页根元素字体 rem 数值为 16/37.5=0.426 667 rem，div 元素 rem 数值为 160/37.5 = 4.266 667 rem。

3. 计算 rem 基准值

在实际应用中，网页会在不同屏幕大小的设备上运行，但是效果图却是基于某一移动设备屏幕大小设计的，因此，在进行页面布局时，需要以一个确定的屏幕大小作为页面基准值。但如果直接以屏幕大小作为页面基准值，算出来的 rem 数值就会过小，因此，通常使用屏幕大小的十分之一作为页面基准值。例如，基于 iPhone 6 设计的效果图，其页面基准值就是 37.5 px（iPhone 6 的屏幕大小为 375 px）。在本项目中，“V 酒店”移动端网页效果图宽度为 460 px，因此，页面基准值为 46 px。

4. 动态设置 HTML font-size

利用 Java script 动态设置 font-size，示例代码如下：

```
// 获取屏幕宽度（viewport）
let htmlWidth = document.documentElement.clientWidth || document.body.clientWidth;
```

```
// 获取 html 的 Dom
let htmlDom = document.getElementsByTagName('html')[0];

// 设置 html 的 fontSize
htmlDom.style.fontSize = htmlWidth / 10 + 'px';

// 响应式处理
window.addEventListener('resize',function(e){
    let htmlWidth = document.documentElement.clientWidth || document.body.clientWidth;
    htmlDom.style.fontSize = htmlWidth / 10 + 'px';
});
```

小贴士

Java script 是一种网页前端脚本语言，用来动态设置网页对象，此处用来动态设置 HTML 的 font-size。

四、用浏览器模拟移动设备显示效果的步骤

用浏览器模拟移动设备显示效果主要包括以下两个步骤：

1. 用浏览器模拟页面在移动设备上的显示效果

以 Google Chrome 浏览器为例，用 Google Chrome 浏览器打开页面，按 F12 键或 Ctrl+Shift+I 组合键，打开开发者工具。单击工作台左上角的 按钮或按 Ctrl+Shift+I 组合键，打开设备工具栏。此时，浏览器将模拟以移动设备打开页面，所显示的就是页面在移动设备上的显示效果，如图 3-2-5 所示。

2. 调整设备尺寸

在设备工具栏中设置模拟的设备为响应式（Responsive），宽度为 460 px，显示比例为 100%，如图 3-2-6 所示。

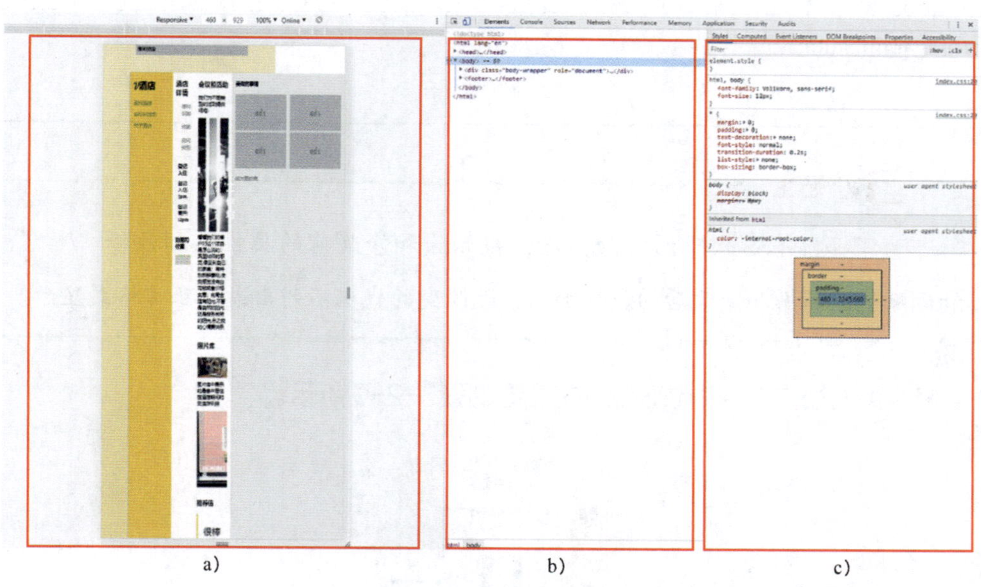

a)　　b)　　c)

图 3-2-5　页面在移动设备上的显示效果

a）显示效果　b）HTML 代码　c）CSS 代码

Responsive ▼　460 × 929　100% ▼　Online ▼

图 3-2-6　设备工具栏

任务实施

“V 酒店”移动端页面布局在 PC 端页面代码的基础上，沿用 HTML 代码，修改 CSS 代码，先以传统布局方式实现页面效果，再把具体数值换算为 rem 数值，并添加 <meta> 标签和 Java script 脚本，实现移动端适配。

1. 修改页面结构 CSS 代码

```
/* Styles of the background */
.body-wrapper {
    background-image: linear-gradient(rgb(250, 239, 202), rgb(250, 226, 143));
    /*padding: 0 73px 73px;*/
    padding: 0 23px 23px;
}
.main-wrapper {
    /*max-width: 1306px;*/
    max-width: 414px;
```

```
    margin: auto;
}
```

小贴士

为了凸显 CSS 代码的修改情况，被删除和修改前的属性添加注释“/* */”和删除线，新增和修改后的属性加粗，无改变的代码不列出或以正常格式显示。

修改页面结构 CSS 代码后的效果图如图 3-2-7 所示。

图 3-2-7　修改页面结构 CSS 代码后的效果图

2. 修改“头部”部分 CSS 代码

```
/* header styles */
.header {
    position: relative;
    height: 27px;
    line-height: 27px;
    /*margin-bottom: 46px;*/
    margin-bottom: 53px;
}
.header > div {
    position: absolute;
    /*right: 0;*/
    top: 35px;
    /*width: 300px;*/
    width: 100%;
    z-index: 2;
}
.header > div > a {
    /*background-color: #CCC;*/
    /*padding-left: 4px;*/
    line-height: 27px;
    color: #000;
    display: block;
    text-align: center;
}
```

修改“头部”部分 CSS 代码后的效果图如图 3-2-8 所示。

图 3-2-8　修改“头部”部分 CSS 代码后的效果图

3. 修改“标题导航”部分 CSS 代码

```
/* styles for the main part */
main {
    /*display: flex;*/
    background-color: #FFFFFF;
    box-shadow: 0 1px 4px 0 #aeaeae, 0 10px 4px -8px #454545;
}

/* left navigation part */
.left {
    /*flex: 0 0 113px;*/
    background-color: #ffd703;
}
.left > a {
    /*display: block;*/
    display: inline-block;
    color: #b4a035;
    line-height: 30px;
    width: 130px;
}
```

修改“标题导航”部分 CSS 代码后的效果图如图 3-2-9 所示。

图 3-2-9　修改“标题导航”部分 CSS 代码后的效果图

4. 修改“子导航”“登记”“地图和位置”部分 CSS 代码

```
/* main part style */
.right {
```

```
    /*flex: 1;*/
    display: flex;
    flex-direction: column;
}

/* styles for the detail part */
.detail {
    flex: 1;
    order: 9;
}
.map {
    margin-top: 20px;
    margin-bottom: 10px;
}
```

修改“子导航”“登记”“地图和位置”部分 CSS 代码后的效果图如图 3-2-10 所示。

图 3-2-10　修改“子导航”“登记”“地图和位置”部分 CSS 代码后的效果图

5. 修改“会议和活动”部分 CSS 代码

```
/* styles for the meeting part */
.meeting {
    /*flex: 3.77;*/
}
```

修改“会议和活动”部分 CSS 代码后的效果图如图 3-2-11 所示。

图 3-2-11　修改“会议和活动”部分 CSS 代码后的效果图

6. 修改“推荐信”部分 CSS 代码

```
.testimonials {
    margin-top: 12px;
    display: flex;
    flex-direction: column;
}
.testimonials > div:first-child {
    /*flex: 1;*/
}
```

```
.testimonials > div:last-child {
    /*flex: 1.3333;*/
    order: -1;
    display: flex;
}
.testimonials img {
    flex: 1;
    width: 100px;
    margin-right: 5px;
    margin-bottom: 5px;
    margin-left: 5px;
}
.testimonials img:first-child {
    margin-left: 0;
}
.testimonials img:last-child {
    margin-right: 0;
}
```

修改“推荐信”部分 CSS 代码后的效果图如图 3-2-12 所示。

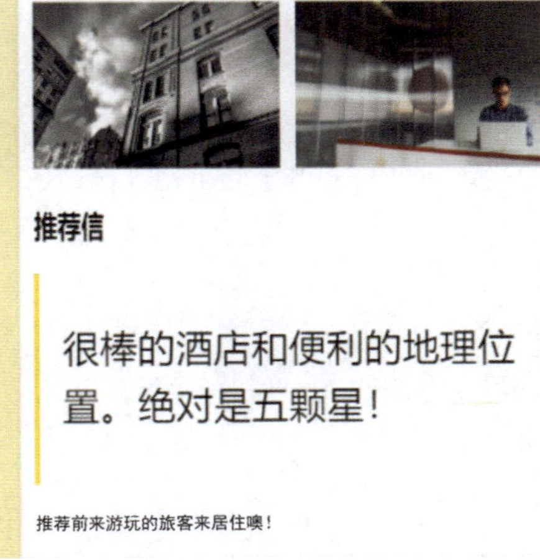

图 3-2-12　修改“推荐信”部分 CSS 代码后的效果图

7. 修改“要做的事情”部分 CSS 代码

```
/* style for the right things and advertisements*/
.things {
    /*flex: 0 0 300px;*/
    background-color: #efefef;
    display: none;
}
```

“要做的事情”部分被隐藏，因此略去效果图。

8. 修改“页脚”和“版权”部分 CSS 代码

```
/* styles for the footer and bottom*/
.footer-wrapper {
    padding: 42px 73px;
    padding: 42px 23px;
    box-shadow: inset 0 4px 10px 5px #d0d0d0;
    background-image: linear-gradient(#efefef, #FFF);
}
.footer {
    display: flex;
    flex-wrap: wrap;
    position: relative;
    max-width: 1306px;
    max-width: 414px;
    margin: auto;
}
.footer > * {
    flex: 1;
    flex: 0 0 50%;
    padding-left: 9px;
```

```
}
.footer > section {
    height: 120px;
}
.footer > section:nth-child(4) {
    height: auto;
}
.icon-list img {
    height: 100px;
    height: 60px;
}
```

修改“页脚”和“版权”部分 CSS 代码后的效果图如图 3-2-13 所示。

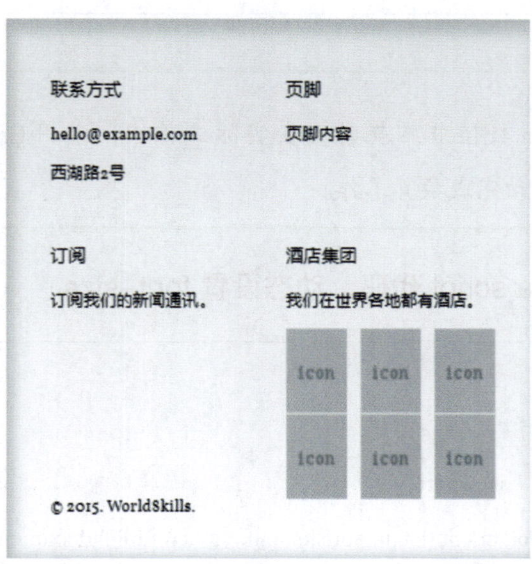

图 3-2-13　修改“页脚”和“版权”部分 CSS 代码后的效果图

9. 添加 <meta> 标签

```
<head>
    <meta charset="UTF-8">
    <title>Hotel V</title>
```

```
    <meta name="viewport" content="width=device-width, initial-scale=1.0,
maximum-scale=1.0, user-scalable=0">
    <link rel="stylesheet" href="css/index.css" data-href="css/index.css">
</head>
```

10. 换算成 rem 数值

把代码中所有具体数值除以页面基准值 46，得到 rem 数值。由于要改动的代码较多，仅提供示例，代码如下：

```
html, body {
    font-family: Vollkorn, sans-serif;
    /*font-size: 12px;*/
    font-size: 0.26087rem;  /*12px/46px= 0.26087*/
}
```

小贴士

人工换算 rem 数值非常耗时，在实际工作中，常用 CSS 预处理器编制 function px2rem 自动完成换算工作。

11. 加入 Java script 代码，动态设置 font-size

```
</html>
<script>
    // 获取屏幕宽度（viewport）
    let htmlWidth = document.documentElement.clientWidth || document.body.clientWidth;
    // 获取 html 的 Dom
    let htmlDom = document.getElementsByTagName('html')[0];
    // 设置 html 的 fontSize
    htmlDom.style.fontSize = htmlWidth / 10 + 'px';
    // 响应式处理
    window.addEventListener('resize',function(e){
```

```
        let htmlWidth = document.documentElement.clientWidth || document.body.
clientWidth;
        htmlDom.style.fontSize = htmlWidth / 10 + 'px';
    });
</script>
```

12. 模拟显示效果

用浏览器模拟页面在移动设备上的显示效果。

工作评价

根据任务完成情况，进行学习任务综合评价，见表 3-2-2。

表 3-2-2　学习任务综合评价

<table>
<tr><th rowspan="2">考核项目</th><th rowspan="2">评价内容</th><th rowspan="2">配分（分）</th><th colspan="3">评价分数</th></tr>
<tr><th>自我评价</th><th>小组评价</th><th>教师评价</th></tr>
<tr><td rowspan="3">职业素养</td><td>安全意识和责任意识强，能遵守健康及安全标准</td><td>10</td><td></td><td></td><td></td></tr>
<tr><td>团队合作意识强，能与同学分享知识及专业资料</td><td>10</td><td></td><td></td><td></td></tr>
<tr><td>现场管理符合 8S 标准，能做好定期整理工作</td><td>10</td><td></td><td></td><td></td></tr>
<tr><td rowspan="2">专业能力</td><td>能复述 rem 的概念和优点</td><td>20</td><td></td><td></td><td></td></tr>
<tr><td>能复述用 rem 布局的步骤</td><td>20</td><td></td><td></td><td></td></tr>
<tr><td rowspan="2">工作成果</td><td>能用 rem 方式布局移动端页面</td><td>20</td><td></td><td></td><td></td></tr>
<tr><td>能用浏览器模拟移动设备进行页面效果预览</td><td>10</td><td></td><td></td><td></td></tr>
<tr><td colspan="2">总分</td><td>100</td><td></td><td></td><td></td></tr>
<tr><td rowspan="2">综合评分</td><td>综合评分 = 自我评价 ×20%+ 小组评价 ×30%+ 教师评价 ×50%</td><td rowspan="2">教师（签名）:</td><td colspan="3" rowspan="2"></td></tr>
<tr><td></td></tr>
</table>

任务 3
添加多媒体元素与动态交互效果

学习目标

1. 能叙述 CSS 3 动画实现原理。
2. 了解动态交互效果的概念。
3. 能为页面添加多媒体元素与动态交互效果。

任务描述

“V 酒店”移动端页面布局已经完成，并通过 rem 方式对不同屏幕大小的移动设备进行了适配。现需要在“V 酒店”页面添加多媒体元素与动态交互效果，增加页面的趣味性和互动性。具体要求如下：

1. 添加 CSS 3 动画效果。
2. 添加相册动态交互效果。
3. 搭建服务器，测试页面动画和交互效果。

相关知识

一、CSS 3 动画实现原理

CSS 3 动画特指使用 CSS 3 新增的动画功能模块制作的动画，区别于使用 Flash 和 Java script 制作的动画，包括 CSS 3 过渡属性 transition 和 CSS 3 动画属性 animation。

1. 过渡属性 transition

（1）过渡属性原理

transition 允许 CSS 的属性值在一定的时间区间内平滑地过渡，先声明元素初始状态样式和过渡属性，再声明元素触发状态样式。触发状态包括鼠标单击、获得焦点、被单击或对元素的任何改变，可实现过渡效果。

（2）过渡属性语法

过渡属性是一个复合属性，由“transition-property”“transition-duration”“transition-timing-function”和“transition-delay”四个子属性组成，表达式可以简写为“transition”，见表 3-3-1；也可以详细列出子属性。各子属性的作用和取值见表 3-3-2 ~ 表 3-3-5。

表 3-3-1　CSS 3 过渡属性语法

表达式	transition: property duration timing-function delay;
示例和默认值	transition: all 0 ease 0;

表 3-3-2　transition-property 的作用和取值

作用		指定过渡或动态模拟的 CSS 属性
取值	all	默认值，表示指定元素所有支持过渡的属性
	none	没有指定任何属性
	< 属性名 >	（1）指定属性，如“width” （2）指定多个属性，属性中间用“,”分隔，如“width,height”

表 3-3-3　transition-duration 的作用和取值

作用		指定完成过渡所需的时间
取值	0	默认值，过渡即时完成，看不到过渡过程，直接看到结果
	<time>	指定完成过渡所需时间的数值，单位为 s（秒）或 ms（毫秒）

表 3-3-4　transition-timing-function 的作用和取值

作用		指定完成过渡的函数
取值	linear	规定以相同速度开始至结束的过渡效果，等于 cubic-bezier(0,0,1,1)
	ease	默认值，规定慢速开始→变快→慢速结束的过渡效果，等于 cubic-bezier(0.25,0.1,0.25,1)
	ease-in	规定以慢速开始的过渡效果，等于 cubic-bezier(0.42,0,1,1)
	ease-out	规定以慢速结束的过渡效果，等于 cubic-bezier(0,0,0.58,1)
	ease-in-out	规定以慢速开始和结束的过渡效果，等于 cubic-bezier(0.42,0,0.58,1)
	cubic-bezier(n,n,n,n)	在 cubic-bezier 函数中定义自己的值，可能的值是 0 ~ 1 之间的数值

表 3-3-5　transition-delay 的作用和取值

作用		指定过渡开始出现的延迟时间
取值	0	默认值，过渡效果会立即触发
	正整数	过渡效果在设定的时间值之后才触发
	负整数	过渡效果会从该时间点开始显示，之前的动作被截断

（3）过渡属性案例

过渡属性案例，代码如下：

```
<!DOCTYPE html>
<html lang="en">
    <head>
    <meta charset="UTF-8">
    <title>transition 过渡属性案例 </title>
    <style type="text/css">
        .transition {
            background-color: red;
            width: 100px;
            height: 100px;
            transition: background 2s ease 2s,
                    width 4s linear 0s;
        }
        .transition:hover {
            background-color: yellow;
            width: 200px;
        }
    </style>
    </head>
    <body>
    <div class="transition"></div>
    </body>
</html>
```

过渡属性案例效果见表 3-3-6。

表 3-3-6　过渡属性案例效果

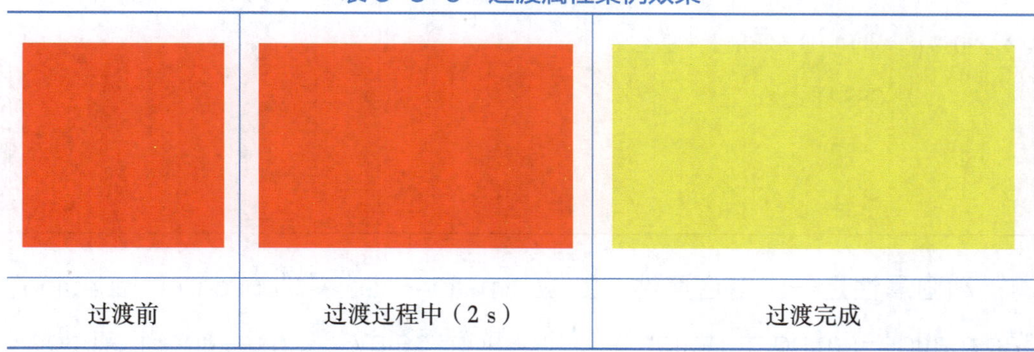

过渡前	过渡过程中（2 s）	过渡完成

上面代码的效果是，当光标悬停在 div 元素上时，开始 2 s 元素的宽度不断增加，但背景色保持红色不变；2 s 后元素的宽度持续增加，背景色逐渐变为黄色。整个过程中，宽度保持匀速增加，两个过渡效果同时结束。

当过渡完成，光标从 div 元素上移走时，宽度则匀速减少至初始状态，背景色同样延迟 2 s 后开始渐变成红色，两个过渡效果同时结束。

2. 动画属性 animation

（1）实现动画效果的步骤

用 animation 实现动画效果主要分两个步骤完成：第一步，通过 @keyframes 关键帧来声明一个动画；第二步，在 animation 属性中调用关键帧声明的动画，从而实现复杂的动画效果。

（2）动画属性语法

@keyframes 语法：命名由 @keyframes 开头，后面紧跟着是“动画的名称”加上一对“{}”，括号中间是不同时间段的样式规则。样式规则可以由多个百分比构成，如 0% ~ 100%。0% 可以用 from 表示，100% 可以用 to 表示。格式如下：

```
@keyframes <keyframename> {
    0% {
        /* CSS 样式 */
    }
    percentage {
```

```
        /* CSS 样式 */
    }
    0% {
        /* CSS 样式 */
    }
}
```

动画属性是一个复合属性，由“animation-name”“animation-duration”“animation-timing-function”“animation-delay”“animation-iteration-count”“animation-direction”“animation-fill-mode”和“animation-play-state”八个子属性组成。表达式可以简写为“animation”，见表 3-3-7；也可以详细列出子属性。各子属性的作用和取值见表 3-3-8 ~表 3-3-15。

表 3-3-7　CSS 3 动画属性语法

表达式		animation: name duration timing-function delay iteration-count direction fill-mode play-state;
示例		animation: animation1 1s ease 1s infinite alternate backwards running;

表 3-3-8　animation-name 的作用和取值

作用		指定要绑定到选择器的关键帧的名称，是 @keyframes 命名的动画版名称
取值	<keyframename>	指定要绑定到选择器的关键帧的名称
	0	指定有没有动画（可用于覆盖来自级联的动画）

表 3-3-9　animation-duration 的作用和取值

作用		指定完成动画所需的时间
取值	<time>	指定完成动画所需时间的数值，单位为 s（秒）或 ms（毫秒）
	0	默认值，意味着没有动画效果

表 3-3-10　animation-timing-function 的作用和取值

作用		指定完成动画的函数
取值	linear	规定以相同速度开始至结束的动画效果，等于 cubic-bezier(0,0,1,1)
	ease	默认值，规定慢速开始→变快→慢速结束的动画效果，等于 cubic-bezier(0.25,0.1,0.25,1)
	ease-in	规定以慢速开始的动画效果，等于 cubic-bezier(0.42,0,1,1)
	ease-out	规定以慢速结束的动画效果，等于 cubic-bezier(0,0,0.58,1)
	ease-in-out	规定以慢速开始和结束的动画效果，等于 cubic-bezier(0.42,0,0.58,1)
	cubic-bezier(n,n,n,n)	在 cubic-bezier 函数中定义自己的值，可能的值是 0 ~ 1 之间的数值

表 3-3-11　animation-delay 的作用和取值

作用		指定动画开始出现的延迟时间
取值	0	默认值，动画效果会立即触发
	正整数	动画效果在设定的时间值之后才触发
	负整数	动画效果会从该时间点开始显示，之前的动作被截断

表 3-3-12　animation-iteration-count 的作用和取值

作用		指定动画的播放次数
取值	<n>	一个数字，通常为整数
	infinite	指定动画无限次播放

表 3-3-13　animation-direction 的作用和取值

作用		指定是否应该轮流反向播放动画
取值	normal	默认值。动画按正常播放
	reverse	动画反向播放
	alternate	动画在奇数次（1、3、5……）正向播放，在偶数次（2、4、6……）反向播放
	alternate-reverse	动画在奇数次（1、3、5……）反向播放，在偶数次（2、4、6……）正向播放

表 3-3-14 animation-fill-mode 的作用和取值

作用		规定当动画不播放时（当动画完成时，或当动画有一个延迟未开始播放时），要应用到元素的样式
取值	none	默认值。在动画执行之前和之后不会应用任何样式到目标元素
	forwards	在动画结束后（由 animation-iteration-count 决定），动画将应用该属性值
	backwards	动画将应用在 animation-delay 定义期间启动动画的第一次迭代的关键帧中定义属性值。这些都是 from 关键帧中的值（当 animation-direction 为 "normal" 或 "alternate" 时）或 to 关键帧中的值（当 animation-direction 为 "reverse" 或 "alternate-reverse" 时）
	both	动画遵循 forwards 和 backwards 的规则。也就是说，动画会在两个方向上扩展动画属性

表 3-3-15 animation-play-state 的作用和取值

作用		指定动画是否正在运行或已暂停
取值	paused	指定暂停动画
	running	指定正在运行的动画

（3）动画属性案例

动画属性案例，代码如下：

```
<!DOCTYPE html>
<html lang="en">
<head>
    <meta charset="UTF-8">
    <title>animation 动画属性案例 </title>
    <style type="text/css">
        .animation {
            width: 100px;
            height: 100px;
            animation: animation1 4s ease infinite;
```

```
        }
        @keyframes animation1 {
            0% {
                margin-left: 100px;
                background-color: green;
            }
            40% {
                margin-left: 150px;
                background-color: pink;
            }
            60% {
                margin-left: 60px;
                background-color: blue;
            }
            100% {
                margin-left: 100px;
                background-color: yellow;
            }
        }
    </style>
</head>
<body>
    <div class="animation"></div>
</body>
</html>
```

案例效果可在浏览器中查看。

二、动态交互效果

动态交互效果是指网站页面根据用户的行为和特点，而做出主要以视觉为主的页面变化，包括位置、大小、颜色变化、屏幕大小适配、过渡效果、动画效果等，其目的是为了提升用户体验。用户行为包括鼠标移动、鼠标单击、键盘输入、表单提交等。用户特点包括设备屏幕大小、特殊访问需求等，可以通过 CSS 伪类、Java script 脚本、服务器脚本、数据库等方式实现。

在 Web 页面布局工作中，通常使用 Java script 脚本实现动态交互效果。本任务以插入 Java script 脚本插件来实现动态交互效果，不进行 Java script 编程。

任务实施

1. 添加 CSS 3 动画效果

在移动端页面调试时会发现，每次页面载入或者改变屏幕大小时，页面文字都会有一个大小的过渡效果，大量的过渡效果会降低移动端用户的体验。过渡调整前载入页面的效果如图 3-3-1 所示。

图 3-3-1　过渡调整前载入页面的效果

因为浏览器以其默认的字体大小载入页面，而页面设置了文字大小，同时给所有的元素添加了过渡时间属性，所以产生了过渡效果。过渡调整后载入页面的效果如图 3-3-2 所示。

图 3-3-2　过渡调整后载入页面的效果

解决的方法是取消所有元素的过渡时间属性，代码如下：

```
* {
    margin: 0;
    padding: 0;
    text-decoration: none;
    font-style: normal;
    /*transition-duration: 0.2s;*/
    list-style: none;
    box-sizing: border-box;
}
```

取消所有元素的过渡时间属性后，“会议和活动”模块中图片的过渡效果也被取消了。为了增加用户的体验，可以用动画属性改写代码，加入呼吸动画效果，使动画被激活后，图片在黑白与彩色之间来回渐变。

添加 @keyframes 和 animation 属性，动画名为“imgBreathe”，0% 和 100% 关键帧为原过渡效果的初始状态，50% 关键帧为原过渡效果的结束状态，代码如下：

```
.img-list li:hover img {
    /*filter: brightness(1) grayscale(0);*/
    animation-name: imgBreathe;
    animation-duration: 2s;
    animation-timing-function: ease;
    animation-delay: .5s;
    animation-iteration-count: infinite;
}
@keyframes imgBreathe {
    0% {filter: brightness(1.2) grayscale(0.9);}
    50% {filter: brightness(1) grayscale(0);}
    100% {filter: brightness(1.2) grayscale(0.9);}
}
```

呼吸动画效果与原过渡效果类似，区别在于前者被激活后动画效果将无限次播放，而原过渡效果只播放一次。此处不提供效果图片，可以在浏览器中查看。

2. 添加相册动态交互效果

项目素材中提供了一个名为“Gallery Sample”的文件夹，包含“images”图片文件夹、“Java script”脚本文件夹和“sample.html”案例文件。案例效果如图 3-3-3 所示。

图 3-3-3　案例效果

案例代码如下：

```
<html>
    <head>
        <script src="js/photo-gallery.js"></script><!-- 引入脚本 -->
    </head>
    <body>
        <canvas id="photo-gallery" width="500" height="250" style="background-color:#efefef"></canvas>
    </body>
</html>
```

把图片文件夹中的数据文件“photos_viewer_atlas_.json”和图片素材文件“photos_viewer_atlas_.png”复制到项目图片文件夹中，把脚本文件夹复制到项目根目录中。

打开首页文件，在头部引入脚本，代码如下：

```
<head>
```

```
    <meta charset="UTF-8">
    <title>Hotel V</title>
    <meta name="viewport" content="width=device-width, initial-scale=1.0, maximum-
scale=1.0, user-scalable=0">
    <link rel="stylesheet" href="css/index.css" data-href="css/index.css">
    <script type="text/java script" src="js/photo-gallery.js"></script>
</head>
```

用案例文件中的 <canvas> 标签代码替换照片库模块中的图片代码，代码如下：

```
<div class="gallery" role="presentation">
    <h4> 照片库 </h4>
    <canvas id="photo-gallery" width="500" height="250" style="background-
color:#efefef"></canvas>
</div>
```

3. 搭建服务器，测试页面动画和交互效果

（1）安装 XAMPP 服务器软件，并运行打开控制台，如图 3-3-4 所示。

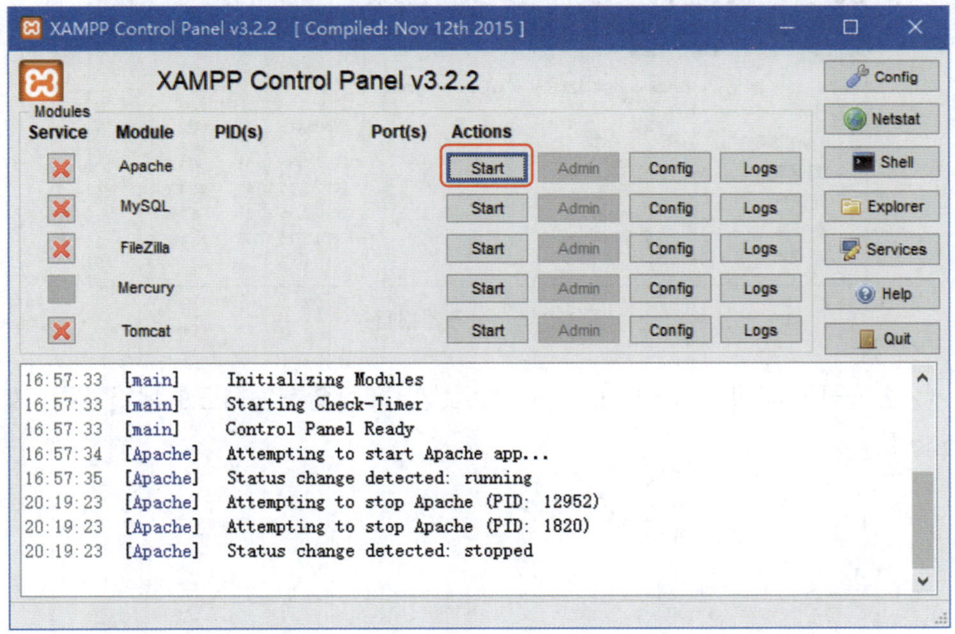

图 3-3-4 XAMPP 控制台

（2）单击“Start”按钮运行服务器，服务器正常运行，如图 3-3-5 所示。

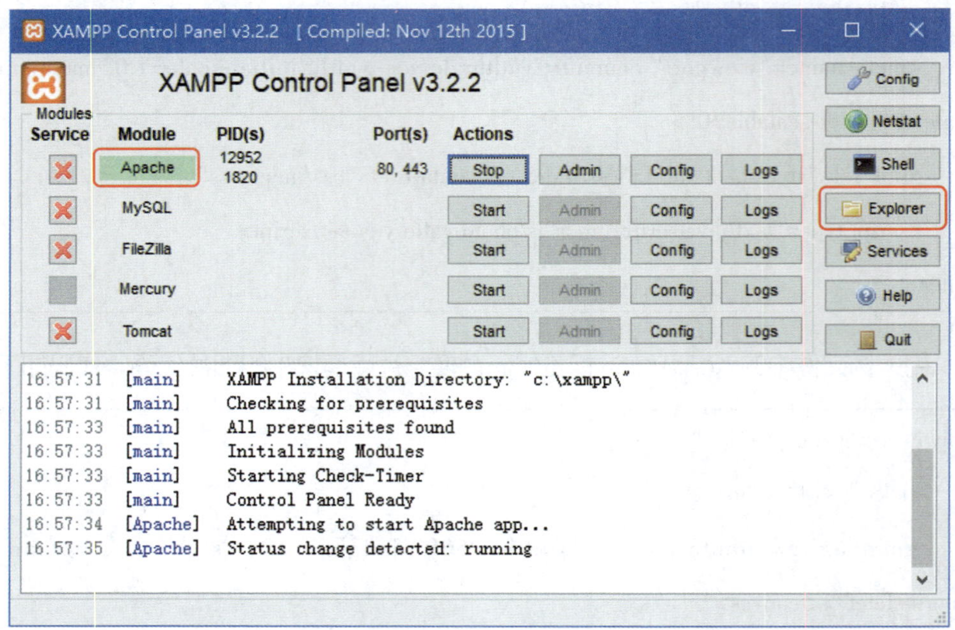

图 3-3-5　服务器正常运行

（3）单击控制台右侧的“Explorer”按钮，打开服务器根目录“htdocs”，把项目文件放到根目录下，如图 3-3-6 所示。

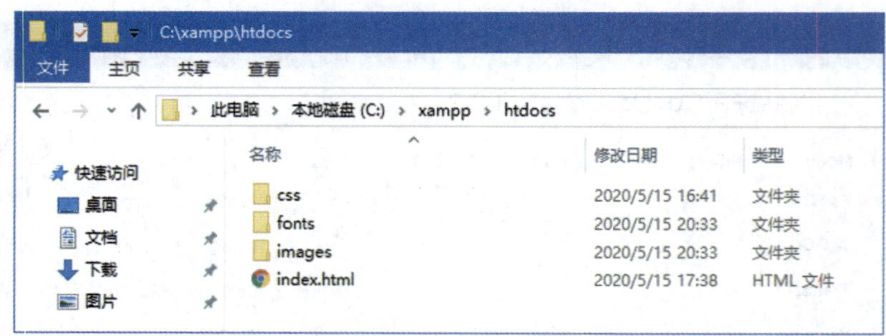

图 3-3-6　服务器根目录

（4）打开浏览器，输入地址“localhost”，即可查看项目三的最终效果，如图 3-3-7 所示。

图 3-3-7　项目三的最终效果

工作评价

根据任务完成情况，进行学习任务综合评价，见表 3-3-16。

表 3-3-16　学习任务综合评价

<table>
<tr><th rowspan="2">考核项目</th><th rowspan="2">评价内容</th><th rowspan="2">配分（分）</th><th colspan="3">评价分数</th></tr>
<tr><th>自我评价</th><th>小组评价</th><th>教师评价</th></tr>
<tr><td rowspan="3">职业素养</td><td>安全意识和责任意识强，能遵守健康及安全标准</td><td>10</td><td></td><td></td><td></td></tr>
<tr><td>团队合作意识强，能与同学分享知识及专业资料</td><td>10</td><td></td><td></td><td></td></tr>
<tr><td>现场管理符合 8S 标准，能做好定期整理工作</td><td>10</td><td></td><td></td><td></td></tr>
<tr><td rowspan="3">专业能力</td><td>能复述 CSS 3 动画实现原理</td><td>10</td><td></td><td></td><td></td></tr>
<tr><td>能复述动态交互效果的概念</td><td>10</td><td></td><td></td><td></td></tr>
<tr><td>能使用 CSS 3 过渡属性和动画属性制作动画</td><td>20</td><td></td><td></td><td></td></tr>
<tr><td rowspan="2">工作成果</td><td>能使用 CSS 3 过渡属性和动画属性在“V 酒店”移动端页面上添加呼吸动画效果和相册交互效果</td><td>20</td><td></td><td></td><td></td></tr>
<tr><td>能安装 XAMPP 服务器，测试页面</td><td>10</td><td></td><td></td><td></td></tr>
<tr><td colspan="2">总分</td><td>100</td><td></td><td></td><td></td></tr>
<tr><td rowspan="2">综合评分</td><td>综合评分 = 自我评价 ×20%+ 小组评价 ×30%+ 教师评价 ×50%</td><td rowspan="2">教师（签名）：</td><td rowspan="2" colspan="3"></td></tr>
<tr><td></td></tr>
</table>

任务 4
综合实训：“鲜花世界”移动端页面布局

学习目标

1. 能使用标注软件在网页效果图上标注网页结构和元素。
2. 能完成“鲜花世界”移动端页面布局。

任务描述

本任务要求根据效果图制作“鲜花世界”移动端页面，如图 3-4-1 所示。具体要求如下：

图 3-4-1 “鲜花世界”移动端页面效果图

1. 使用标注软件标注网页结构和元素。
2. 使用 rem 方式布局页面。
3. 适配不同移动设备的屏幕。

任务实施

1. 标注网页结构（图 3-4-2）

图 3-4-2　标注网页结构

2. 标注“头部”“导航”“鲜花列表”（图 3-4-3 ~ 图 3-4-5）

图 3-4-3　标注“头部”

图 3-4-4　标注“导航”

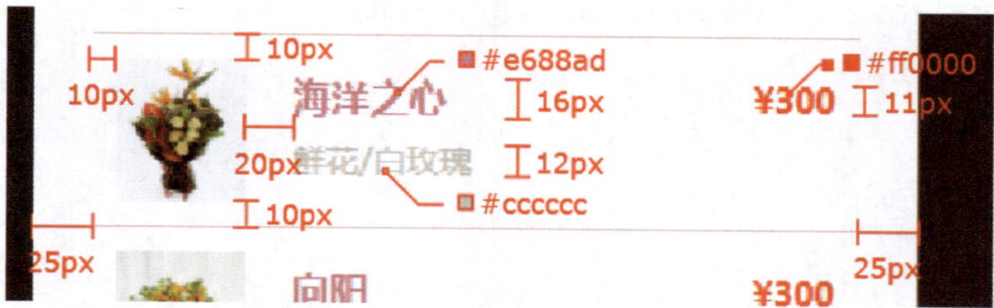

图 3-4-5　标注“鲜花列表”

3. 规划页面结构（图 3-4-6）

图 3-4-6　规划页面结构

4. 定义页面布局

```
<!DOCTYPE html>
<html lang="en">
<head>
    <meta charset="UTF-8">
```

```
    <meta name="viewport" content="width=device-width, initial-scale=1.0, maximum-scale=1.0, user-scalable=0">
    <title> 鲜花世界 </title>
    <link rel="stylesheet" type="text/css" href="css/index.css">
</head>
<body>
    <div class="wrapper">
        <header>
            <div class="header"></div>
            <nav role="navigation"></nav>
        </header>
        <main>
            <div class="banner"></div>
            <div class="flower-list">
                <article class="flower">
                </article>
                <article class="flower">
                </article>
                <article class="flower">
                </article>
                <article class="flower">
                </article>
                <article class="flower">
                </article>
                <article class="flower">
                </article>
            </div>
        </main>
        <footer>
```

```
        </footer>
    </div>
</body>
</html>
```

5. 定义 CSS 基础样式

```
/* Initializing styles for the page*/
* { margin: 0; padding: 0; text-decoration: none; font-style: normal; list-style: none; box-sizing:
  border-box;}
a { color: #666; }
img { width: 100%; }
```

6. 制作“头部”

（1）HTML 部分代码如下：

```
<header>
    <div class="header">
        <h1> 鲜花世界 </h1>
    </div>
    <nav role="navigation">
        <a href="#" class="current"> 鲜花 </a><a href="#"> 永生花 </a><a href="#"> 花语 </a>
<a href="#"> 订购 </a>
    </nav>
</header>
```

用 HTML 定义“头部”部分的效果图如图 3-4-7 所示。

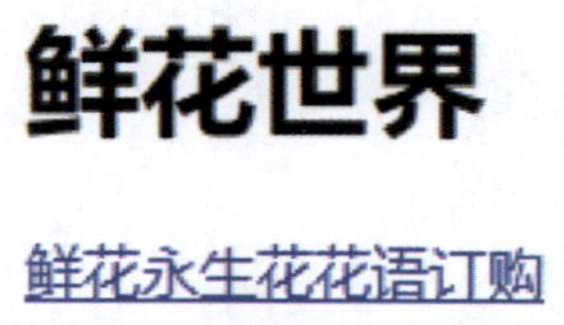

鲜花世界

鲜花永生花花语订购

图 3-4-7　用 HTML 定义“头部”部分的效果图

（2）CSS 部分代码如下：

```
/* Styles of the background */
body { font-size: 14px; }
.wrapper { width: 375px; }

/* header styles */
.header {
    background-color: #e688ad;
    height: 45px;
}
.header h1 {
    font-size: 16px;
    color: #fff;
    height: 45px;
    line-height: 45px;
    text-align: center;
}

/* nav styles */
nav {
    display: flex;
    justify-content: space-around;
    height: 30px;
    line-height: 30px;
    width: 300px;
}
nav a {
    flex: 1;
    display: block;
    margin: 0 10px;
```

```
    text-align: center;
}
nav a:hover {
    color: #900;
    border-bottom: 2px solid #f00;
}
```

用 CSS 布局“头部”部分的效果图如图 3-4-8 所示。

鲜花世界

鲜花 永生花 花语 订购

图 3-4-8 用 CSS 布局“头部”部分的效果图

7. 制作“鲜花列表”

（1）HTML 部分代码如下：

```
<div class="flower-list">
    <article class="flower">
        <a href="#">
            <div class="flower-img">
                <img src="images/flower1.jpg" alt=" 花束 ">
            </div>
            <div class="flower-info">
                <h3><span> ¥300</span> 海洋之心 </h3>
                <p> 鲜花 / 黄玫瑰与白百合 </p>
            </div>
        </a>
    </article>
    <article class="flower"></article>
    <article class="flower"></article>
    ……
</div>
```

用 HTML 定义“鲜花列表”部分的效果图如图 3-4-9 所示。

¥300海洋之心

鲜花/黄玫瑰与白百合

¥300火热爱情

鲜花/红玫瑰与粉玫瑰

图 3-4-9　用 HTML 定义“鲜花列表”部分的效果图

（2）CSS 部分代码如下：

```
/* main styles */
.flower-list {
    padding: 0 25px;
}
.flower {
    padding: 10px;
    border-bottom: 1px solid #ecc;
}
.flower a {
    display: flex;
}
.flower .flower-img {
    width: 55px;
    flex: 0 0 auto;
    margin-right: 20px;
}
.flower .flower-img img {
    display: block;
}
.flower .flower-info {
    flex: 2 2 auto;
}
```

```
.flower .flower-info h3 {
    height: 32px;
    line-height: 32px;
    color: #e688ad;
}
.flower .flower-info h3 span {
    font-size: 14px;
    float: right;
    color: #f00;
}
.flower .flower-info p {
    color: #ccc;
}
```

用 CSS 布局“鲜花列表”部分的效果图如图 3-4-10 所示。

图 3-4-10 用 CSS 布局“鲜花列表”部分的效果图

8. 转换为 rem 数值

效果图的宽度为 375 px，页面基准值定为 37.5 px，把代码中所有的具体数值除以页面基准值，得到 rem 数值。

9. 加入 Java script 代码，动态设置 font-size

```
</html>
<script>
    // 获取屏幕宽度（viewport）
    let htmlWidth = document.documentElement.clientWidth || document.body.clientWidth;
    // 获取 html 的 Dom
    let htmlDom = document.getElementsByTagName('html')[0];
    // 设置 html 的 fontSize
    htmlDom.style.fontSize = htmlWidth / 10 + 'px';
    // 响应式处理
    window.addEventListener('resize',function(e){
        let htmlWidth = document.documentElement.clientWidth || document.body.clientWidth;
        htmlDom.style.fontSize = htmlWidth / 10 + 'px';
    });
</script>
```

10. 测试页面

分别模拟在屏幕尺寸为 375 px 和 600 px 的移动设备中的显示效果，两者显示效果一致，如图 3-4-11 和图 3-4-12 所示。

图 3-4-11　在屏幕尺寸为 375 px 的移动设备中的显示效果

图 3-4-12　在屏幕尺寸为 600 px 的移动设备中的显示效果

工作评价

根据任务完成情况，进行学习任务综合评价，见表 3-4-1。

表 3-4-1　学习任务综合评价

<table>
<tr><th rowspan="2">考核项目</th><th rowspan="2">评价内容</th><th rowspan="2">配分（分）</th><th colspan="3">评价分数</th></tr>
<tr><th>自我评价</th><th>小组评价</th><th>教师评价</th></tr>
<tr><td rowspan="3">职业素养</td><td>安全意识和责任意识强，能遵守健康及安全标准</td><td>10</td><td></td><td></td><td></td></tr>
<tr><td>团队合作意识强，能与同学分享知识及专业资料</td><td>10</td><td></td><td></td><td></td></tr>
<tr><td>现场管理符合 8S 标准，能做好定期整理工作</td><td>10</td><td></td><td></td><td></td></tr>
<tr><td rowspan="2">专业能力</td><td>能使用标注软件标注网页结构和元素</td><td>20</td><td></td><td></td><td></td></tr>
<tr><td>能使用 rem 方式进行移动端页面布局</td><td>20</td><td></td><td></td><td></td></tr>
<tr><td rowspan="2">工作成果</td><td>能使用标注软件在“鲜花世界”效果图中较完整地标注网页结构和元素</td><td>20</td><td></td><td></td><td></td></tr>
<tr><td>能正确完成“鲜花世界”移动端页面布局并适配不同移动设备的屏幕</td><td>10</td><td></td><td></td><td></td></tr>
<tr><td colspan="2">总分</td><td>100</td><td></td><td></td><td></td></tr>
<tr><td rowspan="2">综合评分</td><td>综合评分 = 自我评价 ×20%+ 小组评价 ×30%+ 教师评价 ×50%</td><td rowspan="2">教师（签名）:</td><td colspan="3" rowspan="2"></td></tr>
<tr><td></td></tr>
</table>

项目四
“V 酒店”响应式
页面布局

现代社会中，网页浏览设备日渐多样化，如手机、各种类型的计算机等，网页需要根据屏幕宽度变化而响应，进行兼顾多屏幕、多场景的灵活设计。为了让客户在计算机端、手机端、平板端均能获得完美的浏览体验，“V 酒店”计划对现有网站页面进行响应式页面布局。

任务 1
分析任务与规划页面

学习目标

1. 能叙述响应式网页的设计方法和设计原则。
2. 能叙述视口的概念。
3. 能列举视口的常用属性。
4. 能分析与规划响应式页面。

任务描述

“V 酒店”网站主页需要适配计算机端（1 450 px）、平板端（650 px）和手机端（460 px），内容素材已准备就绪，现需要 Web 前端设计师分析和规划页面。具体要求如下：

1. 分析和规划计算机端页面。
2. 分析和规划平板端页面。
3. 分析和规划手机端页面。
4. 编写页面结构代码。

相关知识

一、响应式网页

响应式网页设计是目前较流行的一种网页设计形式，其主要特点是页面布局能根据不同的设备，如平板、计算机或智能手机，让网页内容进行自适应展示，使得页面能够自动切换分辨率、图片尺寸及相关脚本功能，从而提升用户体验。

1. 响应式网页的设计方法

（1）使用媒体查询适配对应样式，即通过不同的媒体类型和条件定义样式表的规则，使浏览器根据指定的视图宽度渲染页面。

（2）使用第三方框架，如使用 Bootstrap 框架，因其已完成了媒体查询等样式的编写，可以更快捷地实现网页的响应式设计。

2. 响应式网页的设计原则

在进行响应式网页设计时，应遵循以下原则：

（1）简洁的菜单方便用户迅速找到所需功能。

（2）选择系统字体和响应式图片设计，使得网页尽快加载。

（3）清晰简短的表单项和便捷的自动填写功能，方便用户填写和提交。

（4）相对单位让网页能够在各种视口规格之间任意转换。

（5）多种行为召唤组件，可避免弹出窗口。

二、视口的概念

视口（viewport）是指浏览器窗口内的内容区域，不包含工具栏、标签栏等区域，也就是网页实际显示的区域。

1. 桌面浏览器中的视口

桌面浏览器中的视口只有一个，也就是浏览器主窗口的区域。

2. 移动浏览器中的视口

移动浏览器中的视口分为可见视口和布局视口。由于移动浏览器的宽度限制，在有限的宽度内可见部分（可见视口）装不下所有的内容（布局视口），因此，移动浏览器中通过 <meta> 标签引入 viewport 属性，处理可见视口与布局视口的关系。引入代码形式如下：

```
<meta name="viewport" content="width=device-width,initial-scale=1.0">
```

三、视口的常用属性

视口的常用属性见表 4-1-1。

表 4-1-1　视口的常用属性

属性	说明
width	设定布局视口宽度
height	设定布局视口高度
initial	设定页面初始缩放比例（0 ~ 10）
user-scalable	设定用户是否可以缩放（yes/no）
minimum-scale	设定最小缩小比例（0 ~ 10）
maximum-scale	设定最大放大比例（0 ~ 10）

任务实施

1. 分析“V 酒店”主页页面

“V 酒店”主页页面包含以下内容区域：

（1）预订房间。

（2）导航菜单。

（3）酒店详情。

（4）登记入住。

（5）地图和位置。

（6）会议和活动。

（7）照片库。

（8）推荐信。

（9）要做的事情。

（10）联系方式。

（11）页脚。

（12）订阅。

（13）酒店集团。

（14）版权信息。

2. 规划页面结构

（1）规划“V 酒店”计算机端页面结构，页面宽度为 1 450 px，如图 4-1-1 所示。

（2）规划“V 酒店”平板端页面结构，页面宽度为 650 px，如图 4-1-2 所示。

预订房间
导航菜单
酒店详情
登记入住
地图和位置
会议和活动
照片库
推荐信
要做的事情
联系方式
页脚
订阅
酒店集团
版权信息

图 4-1-1 “V 酒店”计算机端（1 450 px）页面结构图

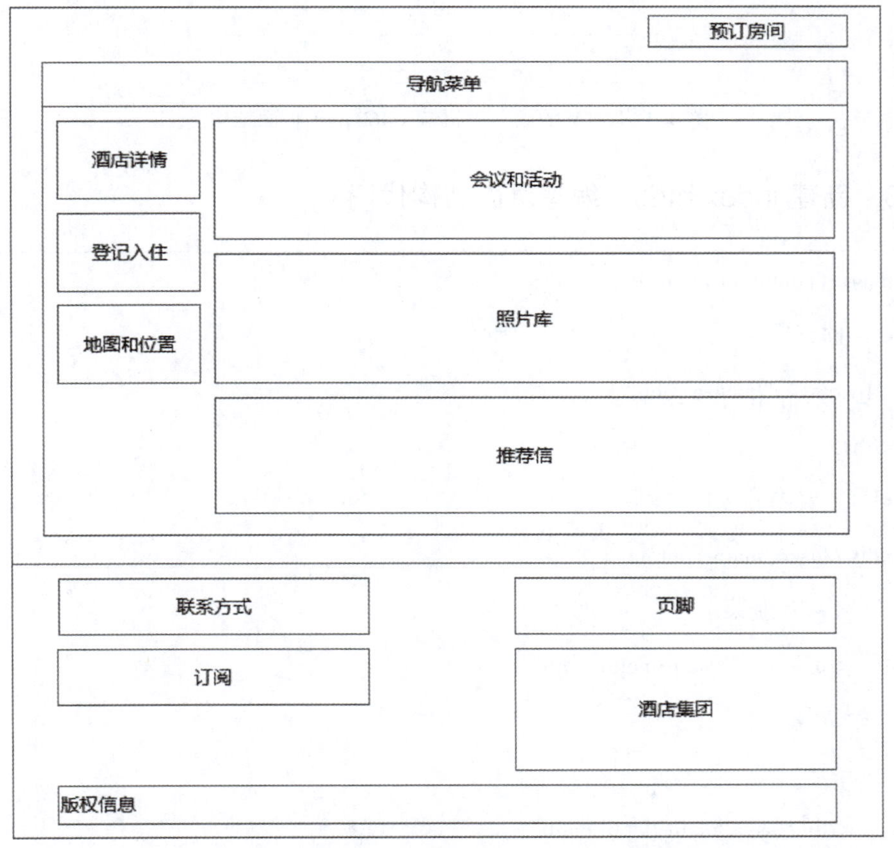

图 4-1-2 “V 酒店”平板端（650 px）页面结构图

（3）规划“V 酒店”手机端页面结构，页面宽度为 460 px，如图 4-1-3 所示。

图 4-1-3 “V 酒店”手机端（460 px）页面结构图

3. 新建 index.html，编写页面结构代码

```
<div class="container main-container">
    <!-- 预订房间 -->
    <div class="book-a-room">
    </div>
    <!-- 主要内容区域 -->
    <div class="main-content">
        <!-- 导航菜单 -->
        <div class="main-menu main">
        </div>

        <div class="main-detail main">
```

```
        <!-- 酒店详情 -->
        <div class="detail_menu">
        </div>
        <!-- 登记入住 -->
        <div class="detail_check">
        </div>
        <!-- 地图和位置 -->
        <div class="detail_map">
        </div>
    </div>

    <div class="main-center main">
        <!-- 会议和活动 -->
        <div class="meeting-content">
        </div>

        <!-- 照片库 -->
        <div class="photo-gallery">
        </div>

        <!-- 推荐信 -->
        <div class="testimonials-content">
        </div>
    </div>

    <!-- 要做的事情 -->
    <div class="main-thing main">
    </div>
</div>
```

```
</div>
<!-- 页脚区域 -->
<div class="container footer f-t-12">
    <!-- 联系方式 -->
    <div class="footer-list">
    </div>
    <!-- 页脚 -->
    <div class="footer-list">
    </div>
    <!-- 订阅 -->
    <div class="footer-list">
    </div>
    <!-- 酒店集团 -->
    <div class="footer-list">
    </div>
    <!-- 版权信息 -->
    <div class="footer-list">
    </div>
</div>
```

工作评价

根据任务完成情况，进行学习任务综合评价，见表 4-1-2。

表 4-1-2　学习任务综合评价

考核项目	评价内容	配分（分）	评价分数		
			自我评价	小组评价	教师评价
职业素养	安全意识和责任意识强，能遵守健康及安全标准	10			
	团队合作意识强，能与同学分享知识及专业资料	10			
	现场管理符合 8S 标准，能做好定期整理工作	10			

续表

考核项目	评价内容	配分（分）	评价分数		
			自我评价	小组评价	教师评价
专业能力	能复述响应式网页的设计方法和设计原则	20			
	能复述视口的概念并列举视口的常用属性	20			
工作成果	能正确分析“V 酒店”响应式页面结构	20			
	能正确规划“V 酒店”响应式页面结构	10			
总分		100			
综合评分	综合评分 = 自我评价 ×20%+ 小组评价 ×30%+ 教师评价 ×50%	教师（签名）：			

任务 2
使用媒体查询进行响应式页面布局

学习目标

1. 能叙述媒体查询的概念。
2. 能说明媒体查询的语法。
3. 能使用媒体查询进行响应式页面布局。

任务描述

通过页面分析与规划，“V 酒店”内容页面的布局结构已确定，内容素材也已准备就绪，现需要 Web 前端设计师使用媒体查询进行响应式页面布局。具体要求如下：

1. 使用 HTML 语义化标签定义页面结构。
2. 使用媒体查询知识点定义 CSS 样式，进行页面布局。

相关知识

一、媒体查询的概念

媒体查询是指根据一个或多个基于设备类型、具体特点和环境的媒体查询来应用样式。简单来说，就是针对不同的媒体类型（如屏幕、打印机）定义不同的样式，可以针对不同的屏幕尺寸设置不同的样式（如 iPhone 6 和 iPhone 6 Plus 的屏幕尺寸是不一样的，笔记本和台式计算机的屏幕尺寸也是不一样的），应用响应式页面布局，可以实现在小尺寸的屏幕上和大尺寸的屏幕上显示相近的效果，或者说不至于出现样式的错乱。

CSS 3 中提供了多种媒体类型，用来设置网页在不同设备中、不同分辨率下以不同的方式展示，以下是常见的媒体类型。

（1）all：全部媒体类型（默认值）。

（2）print：打印或打印预览。

（3）screen：计算机屏幕。

（4）speech：屏幕阅读器。

小贴士

媒体类型名称区分大小写。

二、媒体查询的语法

媒体查询包含一个可选的媒体类型和媒体特性表达式 (0 或多个)，最终会被解析为 true 或 false。如果媒体查询中指定的媒体类型匹配展示文档所使用的设备类型，并且所有的表达式的值都是 true，那么该媒体查询的结果为 true。

1. 媒体查询的一般结构

媒体查询的一般结构以 @media 开头，利用逻辑关键字把媒体类型和媒体特性表达式串起来形成逻辑表达式，判断是否满足当前浏览器的运行环境。如果满足，则 style 标签里面的样式代码就会起作用，进而改变页面元素样式；否则，页面效果不产生任何变化。

```
@media mediatype and|not|only (media feature){
    CSS-code;
}
```

2. 环境参数

媒体类型只能识别显示设备的类型，还需要针对运行设备检测环境参数，如长度、宽度、分辨率等。下面列举了一些常用的参数。

（1）max-width：输出设备中页面最大可见区域宽度。

（2）min-width：输出设备中页面最小可见区域宽度。

（3）orientation：设备方向，portrait 和 landscape 分别表示竖直和水平。

（4）resolution：设备分辨率，以 DPI（Dots Per Inch）或者 DPCM（Dots Per Centimeter）表示。

3. 条件表达式

条件表达式用来判断设备环境参数，从而确定执行相应的 CSS 样式代码来改变页面元素的样式。

```
@media screen and (max-width:960px){
    body{
            background-color:red;
    }
}
```

上面的代码表示当屏幕设备宽度小于 960 px 时，设备的屏幕背景颜色被设置为红色，其中“and”关键字用来指定当某种设备类型的某种特性值满足某个条件时所使用的样式。

【课堂练习 4–2–1】浏览器不同分辨率下改变背景颜色

```
@media screen and (max-width:960px){
    body{
            background-color:red;
    }
}
@media screen and (max-width:768px){
    body{
            background-color:orange;
    }
}
@media screen and (max-width:550px){
    body{
            background-color:yellow;
    }
}
```

```
@media screen and (max-width:320px){
    body{
            background-color:green;
    }
}
```

浏览该网页时，调整浏览器窗口，页面的背景颜色会随着当前窗口的尺寸变化而变化。

浏览器最大化，当窗口宽度超过 960 px 时，背景为浏览器默认的颜色（白色）；当窗口宽度调整为 768 ~ 960 px 时，背景颜色为红色，如图 4-2-1 所示；当窗口宽度调整为 550 ~ 768 px 时，背景颜色为橙色，如图 4-2-2 所示；当窗口宽度调整为 320 ~ 550 px 时，背景颜色为黄色；当窗口宽度调整为 320 px 以内时，背景颜色为绿色。

图 4-2-1　当窗口宽度为 768 ~ 960 px 时的背景颜色

图 4-2-2　当窗口宽度为 550 ~ 768 px 时的背景颜色

4. 逻辑表达式

（1）and

and 将多个媒体属性连接成一条媒体查询，当每个属性都为 true 时，最终结果为 true，等同于逻辑运算符中的“与”运算条件。

```
@media screen and (max-width:960px){...}
```

上面的代码表示当设备屏幕宽度小于 960 px 时应用样式。

(2) not

not 用来对一条媒体查询的结果取反，等同于逻辑运算符中的“非”运算条件。

```
@media not handled and (color){...}
```

上面的代码针对非手持的彩色设备应用样式。

(3) only

only 仅在媒体查询匹配成功的情况下应用指定样式。

```
@media only screen and (min-width:320px) and (max-width:350px){...}
```

上面的代码表示当设备屏幕宽度为 320 ~ 350 px 时应用样式。

(4) 逗号分隔列表

逻辑媒体查询中使用逗号分隔效果等同于逻辑运算符中的“或”运算条件。当任何一个媒体查询返回 true，最终结果为 true，样式就是有效的。逗号分隔列表中每个查询都是独立的，一个查询中的操作符并不会影响其他的媒体查询。这就意味着逗号分隔列表能够作用于不同的媒体类型、属性和状态。

如果要在屏幕最小宽度为 320 px 的设备上或横屏手持设备上使用样式，代码如下：

```
@media (min-width:320px), handheld and (orientation:landscape){...}
```

其中，handheld and (orientation：landscape) 表示横屏手持设备，min-width：320 px 表示最小宽度值。

如果一个 800 px 的屏幕设备，媒体查询语句返回 true，如果是 500 px 的横屏手持设备，媒体查询语句也会返回 true。

5. 常见的引用方式

media 属性的引用方式有内嵌式和外联式两种。

(1) 内嵌式

内嵌式即将媒体查询的样式和通用样式写在一起，例如，浏览器屏幕宽度超过

320 px 时为超链接加下划线，代码如下：

```
a{text-decoration:none;}
@media screen and (min-width:320px){text-decoration:underline;}
```

小贴士

媒体查询需要在普通样式后面声明，否则声明将不起作用。

（2）外联式

外联式通常使用 <link> 标签，带有媒体查询的外联方式也是一样的，代码如下：

```
<link href="media.css" media="only screen and (min-width:320px)"/>
```

如果是这种方式，那么在 media.css 中可以直接声明 CSS 样式，代码如下：

```
a{text-decoration:none;}
```

外联式的源码和属性值是分开的，与内嵌式相比，其代码更加简洁、清晰。

任务实施

1. 打开项目中的 CSS 目录，创建四个 CSS 样式文件

具体说明如下：

（1）public.css：公共样式。

```
/* 初始化样式 */
*{
    margin: 0;
    padding: 0;
    box-sizing: border-box;
    font-family: "Vollkorn-Regular";/* 设置默认字体 */
}
/* 背景颜色 */
body{
    background-color: #f8f8f8;
```

```
}

/* 所有 a 链接取消下划线 */
a{
    text-decoration: none;
}
/* 容器属性 */
.container{
    width: 100%;
    padding: 0 5% 0 5%;
    overflow: hidden;
}

/* 主体的内边距 */
.main{
    padding: 20px 10px 0 10px;
}



/* 标题设置 */
.title-bolder{
    font-family: "DancingScript-Regular";
    font-weight: bolder;
}
.title-bold{
    font-family: "DancingScript-Regular";
    font-weight: bold;
}
/* 文字描述样式 */
.text-content{
```

```
    line-height: 20px;
    margin-top: 10px;
    margin-bottom: 10px;
}
/* 公用上外边距 */
.m-t-10{
    margin-top: 10px;
}
.m-t-15{
    margin-top: 15px;
}
.m-t-20{
    margin-top: 20px;
}
.m-t-25{
    margin-top: 25px;
}
.m-t-30{
    margin-top: 30px;
}
/* 字体大小设置 */
.f-t-12{
    font-size: 12px;
}
.f-t-14{
    font-size: 14px;
}
.f-t-16{
    font-size: 16px;
}
```

```
.f-t-20{
    font-size: 20px;
}
.f-t-24{
    font-size: 24px;
}
.f-b{
    font-weight: bold;
}
```

（2）style.css：浏览器默认展示的样式。

```
/* book a room 按钮样式 */
.book-a-room{
    width: 21%;
    line-height: 30px;
    padding-left: 5px;
    background-color: #ccc;
    margin-left: auto;/* 左外边距 auto 表示自动填满左边距，表示这个元素会在最右边 */
}
.main-container{
    background-color: rgb(250,226,143); /* 浏览器不支持时显示 */
    background: linear-gradient(rgb(250,239,202), rgb(250,226,143)); /* 背景渐变色的设置 */
    box-shadow: 0px -8px 30px 0px #333;
    padding-bottom: 75px;
}
/* 主体内容区域样式 */
.main-content{
    display: flex;
    flex-wrap: wrap;
    width: 100%;
```

```
    margin-top: 50px;
    box-shadow: 0px 2px 4px -1px #333;
    background-color: #fff;
}
/* 主体菜单样式 */
.main-menu{
    width: 10%;
    background-color: #FFD703;
    padding-right: 0;
}
/* 菜单内容区域样式 */
.menu_content{
    font-size: 11px;
    margin-top: 20px;
}
.menu_content > a{
    color: rgba(0, 0, 0, .4);
    font-family: "Vollkorn-Regular";
    line-height: 30px;
    display: block;
}
/* 酒店信息区域样式 */
.main-detail{
    width: 15%;
}
/* 信息区域内菜单样式 */
.detail_menu{
    padding:10px 0 0 15px;
}
```

```
.detail_menu > a{
    color: #b4b4b4;
    display: block;
    line-height: 40px;
}
/* 信息记录区域样式 */
.detail_check{
    border: 1px #ccc solid;
    padding: 15px 0 15px 5px;
    margin-top: 10px;
}
/* 信息记录标题 */
.check_title{
    font-size: 18px;
    margin-bottom: 15px;
}
/* 信息记录列表 */
.check_list{
    font-size: 16px;
    line-height: 30px;
}
/* 地图信息显示样式 */
.detail_map{
    margin-top: 20px;
}
/* 地图信息标题 */
.map_title{
    font-size: 18px;
    margin-bottom: 15px;
```

```
}
/* 地图图片样式 */
.map_img{
    width: 100%;
}
/* 中间主要内容区域样式 */
.main-center{
    width: 54%;
}
/* 会议副标题样式 */
.meeting_sub{
    margin: 20px 0 10px 0;
}
/* 会议内容容器样式 */
.meeting-content{
    display: flex;
    justify-content: space-between;
}

/* 会议列表样式 */
.meeting-list{
    display: flex;
   position: relative;
    width: 32%;
   overflow: hidden;
    justify-content: center;
    filter: grayscale(0.9) brightness(1.2);
    cursor: pointer;
    transition: .5s all;
```

```
}
.meeting-list:hover{
    filter: grayscale(0) brightness(1);
}
/* 会议列表内图片的样式 */
.meeting-list > img{
    width: 200%;
}
/* 会议列表标题样式 */
.meeting-list_title{
    position: absolute;
    bottom: 30px;
    left: 15px;
    color: #fff;
    font-size: 24px;
    font-family: "Vollkorn-Bold";
    font-weight: bolder;
}
/* 相册样式 */
.photo-img{
    display: flex;
    width: 100%;
    height: 200px;
    position: relative;
    justify-content: center;
    align-items: center;
    overflow: hidden;
}
/* 相册图片样式 */
.photo-img > img{
```

```
    width: 100%;
}
/* 相册图片内标题 */
.photo-img_title{
    position: absolute;
    bottom: 25px;
    left: 15px;
    font-family: "Vollkorn-Bold";
    color: #fff;
}
/* 用户评价区域样式 */
.testimonials-content{
    display: flex;
    width: 100%;
    flex-wrap: wrap;
}
/* 用户评价左边区域样式 */
.testimonials-left{
    width: 40%;
}
/* 重点突出的评价样式 */
.testimonials-intensive{
    display: flex;
    height: 170px;
    padding-left: 20px;
    margin-top: 20px;
    align-items: center;
    border-left: 4px #FFD703 solid;
    font-size: 25px;
```

```
    font-weight: 700;
}
/* 用户评价右边区域样式 */
.testimonials-right{
    width: 60%;
}
/* 右边区域图片样式 */
.testimonials-right > img{
    width: 100%;
}
/* 广告区域样式 */
.main-thing{
    width: 21%;
    background: #efefef;
}
/* 广告图片容器样式 */
.thing-ads{
    width: 100%;
    display: flex;
    justify-content: space-between;
    flex-wrap: wrap;
}
/* 广告图片样式 */
.ads_list{
    width: 48%;
    margin-bottom: 5px;
}
/* 成为赞助商样式 */
.thing-become{
    color: #666;
```

```
}
/* 页脚区域样式 */
.footer{
    display: flex;
    flex-wrap: wrap;
    margin-top: 40px;
    padding-bottom: 50px;
}
/* 页脚内容列表样式 */
.footer-list{
    position: relative;
    width: 25%;
    padding: 0px 15px;
}
/* 酒店集团样式 */
.footer_icon{
    display: flex;
    justify-content: space-between;
    flex-wrap: wrap;
}
/* 酒店集团图片样式 */
.footer_icon > img{
    width: 31%;
    margin-bottom: 1px;
}
```

（3）media.css：媒体查询样式（此处为空文件）。

（4）font.css：字体样式。

```
/* 这是网页所使用的字体引入 */
@font-face{
```

```
    font-family: 'DancingScript-Bold';
    src: url('../Fonts/Dancing_Script/DancingScript-Bold.ttf');
}
@font-face{
    font-family: 'DancingScript-Regular';
    src: url('../Fonts/Dancing_Script/DancingScript-Regular.ttf');
}
@font-face{
    font-family: 'Vollkorn-Bold';
    src: url('../Fonts/Vollkorn/Vollkorn-Bold.ttf');
}
@font-face{
    font-family: 'Vollkorn-BoldItalic';
    src: url('../Fonts/Vollkorn/Vollkorn-BoldItalic.ttf');
}
@font-face{
    font-family: 'Vollkorn-Italic';
    src: url('../Fonts/Vollkorn/Vollkorn-Italic.ttf');
}
@font-face{
    font-family: 'Vollkorn-Regular';
    src: url('../Fonts/Vollkorn/Vollkorn-Regular.ttf');
}
```

2. 使用外联方式引用 CSS 样式文件

```
<link rel="stylesheet" href="css/public.css">
<link rel="stylesheet" href="css/style.css">
<link rel="stylesheet" href="css/media.css">
<link rel="stylesheet" href="css/font.css">
```

3. 编写媒体查询 CSS 样式文件（media.css）

（1）定义“标题导航”部分

1）PC 端代码如下：

```
/* 主体菜单样式 */
.main-menu{
    width: 10%;
    background-color: #FFD703;
    padding-right: 0;
}
/* 菜单内容区域样式 */
.menu_content{
    font-size: 11px;
    margin-top: 20px;
}
.menu_content > a{
    color: rgba(0, 0, 0, .4);
    font-family: "Vollkorn-Regular";
    line-height: 30px;
    display: block;
}
```

2）平板端代码如下：

```
@media screen and (max-width: 700px) {
    .main-menu > .title-bolder{
        width: 24%;
    }
    .menu_content{
        width: 66%;
    }
}
```

3）移动端代码如下：

```
@media screen and (max-width: 600px) {
    .main-menu {
        flex-wrap: wrap;
        height: 100px;
    }
    .main-menu > .title-bolder{
        width: 100%;
    }
    .menu_content {
        width: 80%;
        height: 25px;
        margin-top: 10px;
    }
}
```

效果图如图 4-2-3 所示。

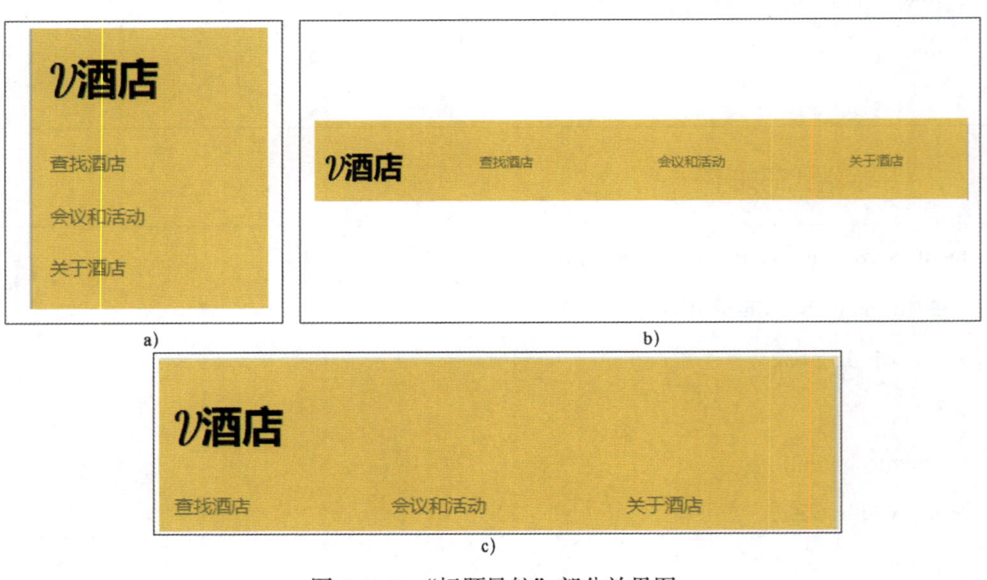

图 4-2-3 “标题导航”部分效果图

a）PC 端　b）平板端　c）移动端

（2）定义“子导航”“登记”“地图和位置”部分

1）PC 端代码如下：

```
/* 酒店信息区域样式 */
.main-detail{
    width: 15%;
}
/* 信息区域内菜单样式 */
.detail_menu{
    padding:10px 0 0 15px;
}
.detail_menu > a{
    color: #b4b4b4;
    display: block;
    line-height: 40px;
}
/* 信息记录区域样式 */
.detail_check{
    border: 1px #ccc solid;
    padding: 15px 0 15px 5px;
    margin-top: 10px;
}
/* 信息记录标题 */
.check_title{
    font-size: 18px;
    margin-bottom: 15px;
}
/* 信息记录列表 */
.check_list{
    font-size: 16px;
    line-height: 30px;
```

```
}
/* 地图信息显示样式 */
.detail_map{
    margin-top: 20px;
}
/* 地图信息标题 */
.map_title{
    font-size: 18px;
    margin-bottom: 15px;
}
/* 地图图片样式 */
.map_img{
    width: 100%;
}
```

2）平板端代码如下：

```
@media screen and (max-width: 700px) {
    .main-detail {
        width: 25%;
    }
}
```

3）移动端代码如下：

```
@media screen and (max-width: 600px) {
    .main-detail {
     width: 100%;
     order: 999;
    }
}
```

效果图如图 4-2-4 所示。

a）

b）

c）

图 4-2-4 “子导航”“登记”“地图和位置”部分效果图

a）PC 端 b）平板端 c）移动端

（3）定义“会议和活动”部分

1）PC 端代码如下：

```
/* 会议副标题样式 */
.meeting_sub{
    margin: 20px 0 10px 0;
}
/* 会议内容容器样式 */
.meeting-content{
```

```
    display: flex;
    justify-content: space-between;
}
/* 会议列表样式 */
.meeting-list{
    display: flex;
    position: relative;
    width: 32%;
    overflow: hidden;
    justify-content: center;
    filter: grayscale(0.9) brightness(1.2);
    cursor: pointer;
    transition: .5s all;
}
.meeting-list:hover{
    filter: grayscale(0) brightness(1);
}
/* 会议列表内图片的样式 */
.meeting-list > img{
    width: 200%;
}
/* 会议列表标题样式 */
.meeting-list_title{
    position: absolute;
    bottom: 30px;
    left: 15px;
    color: #fff;
    font-size: 24px;
    font-family: "Vollkorn-Bold";
```

```
    font-weight: bolder;
}
```

2）平板端代码如下：

```
@media screen and (max-width: 700px) {
    .meeting-list > img {
        width: 350%;
    }
    .meeting-list_title{
        font-size: 20px;
    }
}
```

3）移动端代码如下：

```
/* 分辨率小于 600 的媒体查询样式 */
@media screen and (max-width: 600px) {
    .meeting-list_title{
        font-size: 18px;
    }
}
```

效果图如图 4-2-5 所示。

a）

b）

c）

图 4-2-5 “会议和活动”部分效果图

a）移动端　b）平板端　c）PC 端

（4）定义“照片库”和“推荐信”部分

1）PC 端代码如下：

```
/* 相册样式 */
.photo-img{
    display: flex;
    width: 100%;
    height: 200px;
    position: relative;
    justify-content: center;
    align-items: center;
    overflow: hidden;
}
/* 相册图片样式 */
.photo-img > img{
    width: 100%;
}
```

```
/* 相册图片内标题 */
.photo-img_title{
    position: absolute;
    bottom: 25px;
    left: 15px;
    font-family: "Vollkorn-Bold";
    color: #fff;
}
```

2）平板端代码如下：

```
@media screen and (max-width: 700px) {
    .testimonials-left {
        width: 70%;
    }
    .testimonials-right {
        width: 30%;
    }
}
```

3）移动端代码如下：

```
@media screen and (max-width: 600px) {
    .testimonials-left{
        width: 100%;
        order: 999;
    }
    .testimonials-right{
        width: 100%;
        display: flex;
        justify-content: space-between;
    }
```

```
    .testimonials-right > img{
        width: 48%;
    }
}
```

由于篇幅限制，这里以“照片库”的效果图为例进行展示，如图 4-2-6 所示（下同）。

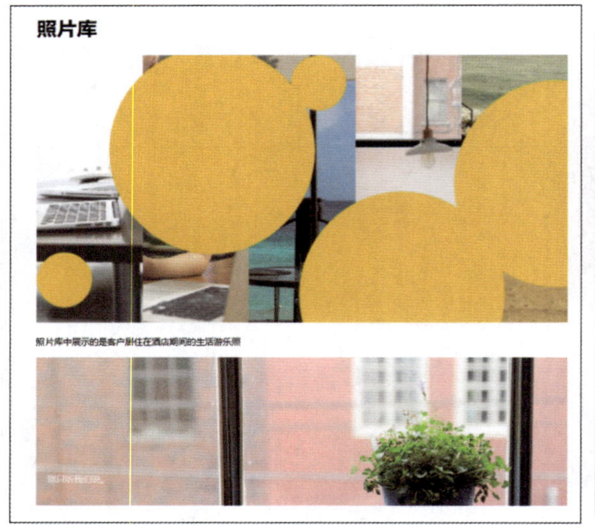

a）

b）

c）

图 4-2-6 “照片库”部分效果图

a）PC 端　b）平板端　c）移动端

（5）定义“要做的事情”部分

1）PC 端代码如下：

```
/* 广告区域样式 */
.main-thing{
    width: 21%;
    background: #efefef;
}
/* 广告图片容器样式 */
.thing-ads{
    width: 100%;
    display: flex;
    justify-content: space-between;
    flex-wrap: wrap;
}
/* 广告图片样式 */
.ads_list{
    width: 48%;
    margin-bottom: 5px;
}
/* 成为赞助商样式 */
.thing-become{
    color: #666;
}
```

2）平板端和移动端代码如下：

```
/* 分辨率小于 1000 的媒体查询样式 */
@media screen and (max-width: 1000px) {
    .main-thing {
```

```
        display: none;
    }
}
```

效果图如图 4-2-7 所示。

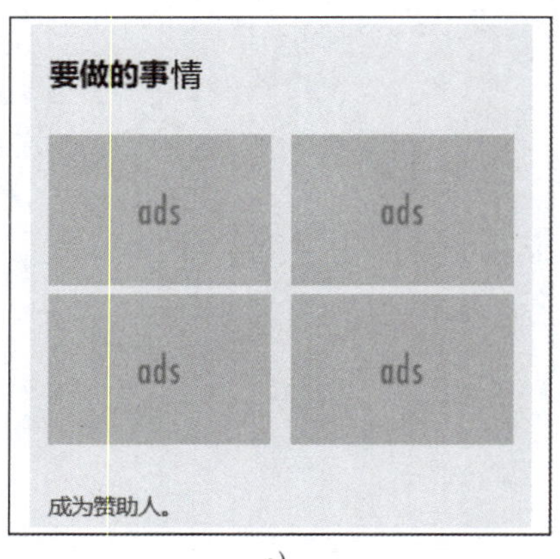

a）

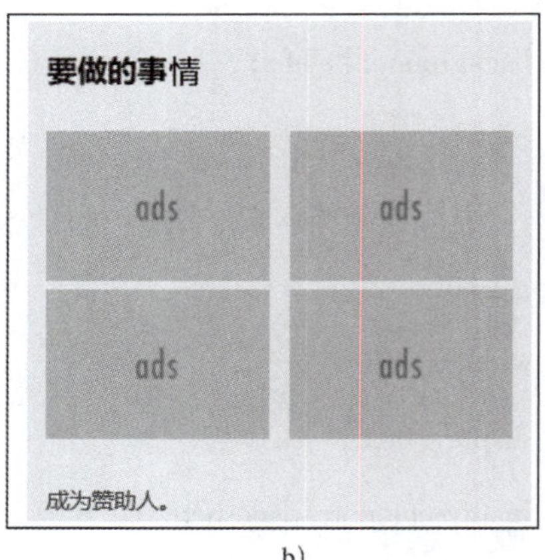

b）

图 4-2-7 “要做的事情”部分效果图

a）PC 端 b）平板端和移动端

（6）定义“页脚”和“版权”部分

1）PC 端代码如下：

```
/* 页脚区域样式 */
.footer{
    display: flex;
    flex-wrap: wrap;
    margin-top: 40px;
    padding-bottom: 50px;
}
/* 页脚内容列表样式 */
.footer-list{
    position: relative;
    width: 25%;
    padding: 0px 15px;
```

```
}
/* 酒店集团样式 */
.footer_icon{
    display: flex;
    justify-content: space-between;
    flex-wrap: wrap;
}
/* 酒店集团图片样式 */
.footer_icon > img{
    width: 31%;
    margin-bottom: 1px;
}
```

2）平板端和移动端代码如下：

```
@media screen and (max-width: 700px) {
    .footer {
        padding-bottom: 10px;
    }
    .footer-list {
        margin-bottom: 40px;
        width: 50%;
    }
}
```

效果图如图 4-2-8 所示。

a）

联系方式

hello@example.com

西湖路2号

页脚

页脚内容

订阅

订阅我们的新闻通讯

酒店集团

我们在世界各地都有酒店。

icon icon icon

icon icon icon

©2015.WorldSkills.

b）

图 4-2-8 “页脚”和“版权”部分效果图

a）PC 端 b）平板端和移动端

工作评价

根据任务完成情况，进行学习任务综合评价，见表 4-2-1。

表 4-2-1 学习任务综合评价

考核项目	评价内容	配分（分）	评价分数		
			自我评价	小组评价	教师评价
职业素养	安全意识和责任意识强，能遵守健康及安全标准	10			
	团队合作意识强，能与同学分享知识及专业资料	10			
	现场管理符合 8S 标准，能做好定期整理工作	10			

续表

<table>
<tr><th rowspan="2">考核项目</th><th rowspan="2">评价内容</th><th rowspan="2">配分（分）</th><th colspan="3">评价分数</th></tr>
<tr><th>自我评价</th><th>小组评价</th><th>教师评价</th></tr>
<tr><td rowspan="2">专业能力</td><td>能复述媒体查询的概念</td><td>20</td><td></td><td></td><td></td></tr>
<tr><td>能复述媒体查询的语法</td><td>20</td><td></td><td></td><td></td></tr>
<tr><td rowspan="2">工作成果</td><td>能使用媒体查询语法定义 CSS 样式，进行“V 酒店”页面布局</td><td>20</td><td></td><td></td><td></td></tr>
<tr><td>能正确进行页面效果预览</td><td>10</td><td></td><td></td><td></td></tr>
<tr><td colspan="2">总分</td><td>100</td><td></td><td></td><td></td></tr>
<tr><td rowspan="2">综合评分</td><td>综合评分 = 自我评价 ×20%+ 小组评价 ×30%+ 教师评价 ×50%</td><td rowspan="2">教师（签名）:</td><td rowspan="2" colspan="3"></td></tr>
<tr><td></td></tr>
</table>

任务 3
使用 Bootstrap 进行响应式页面布局

学习目标

1. 能叙述 Bootstrap 的相关概念。
2. 能说明 Bootstrap 的基本操作。
3. 能叙述无障碍网页的作用及特点。
4. 能使用 Bootstrap 进行响应式页面布局。

任务描述

通过页面分析与规划，“V 酒店”内容页面的布局结构已确定，内容素材也已准备就绪，现需要 Web 前端设计师使用 Bootstrap 进行页面布局。具体要求如下：

1. 使用 Bootstrap 定义页面结构。
2. 使用 Bootstrap 定义内容页面的组成部分。

相关知识

一、Bootstrap 的相关概念

1. 什么是 Bootstrap

Bootstrap 是美国 Twitter 公司的设计师 Mark Otto 和 Jacob Thornton 合作开发的基于 HTML、CSS、Java script 的前端开发框架。Bootstrap 简洁、直观、功能强大，使得 Web 开发更加快捷。

2. Bootstrap 的作用

随着 CSS 3 和 HTML 5 的流行，Web 页面不仅需要更人性化的设计理念，而且需要更酷的页面特效和用户体验。开发者需要了解并借助前端框架，以便更快、更好地设计用户界面，包括一些移动设备的网页界面风格设计。Bootstrap 正好就是为移动设备而开发的前端框架。它由规范的 CSS、Java script 插件构成，其最大的优势是能进行响应式页面布局和 CSS 媒体查询，使得开发者可以方便地让网页在台式计算机和手机上获得最佳的体验。Bootstrap 的作用主要体现在以下三个方面：

（1）预处理脚本

Bootstrap 的源码是基于最流行的 CSS 预处理脚本 Less 和 Sass 开发的。开发者可以采用预编译的 CSS 文件快速开发，也可以从源码定制自己需要的样式。例如，页面上有很多相同的效果，只需要写一个效果类，然后让用到的地方去继承它，就不需要重复编写代码了。

（2）一个框架、多种设备

网站和应用能在 Bootstrap 的帮助下通过同一个代码快速、有效地适配手机、平板和 PC 设备，这都是 CSS 媒体查询的功劳。

（3）文档丰富、特效齐全

Bootstrap 提供了全面、美观的文档，可以找到关于 HTML 元素、HTML 和 CSS 组件、jQuery 插件方面的所有详细文档。

Bootstrap 中包含了丰富的 Web 组件，根据这些组件，可以快速地搭建一个美观、功能完善的网站，如下拉菜单、按钮组、按钮下拉菜单、导航、导航条、路径导航、分页、排版、缩略图、警告对话框、进度条、媒体对象等。

Bootstrap 自带了 13 个 jQuery 插件，这些插件为 Bootstrap 中的组件赋予了“生命”。更重要的一点是，Bootstrap 是完全开源的。

二、Bootstrap 的基本操作

1. 下载 Bootstrap

可以从 https://v3.bootcss.com/ 下载 Bootstrap 的最新版本，如图 4-3-1 所示。

图 4-3-1　Bootstrap 下载页面

单击“下载 Bootstrap”按钮，进入下载页面，如图 4-3-2 所示。

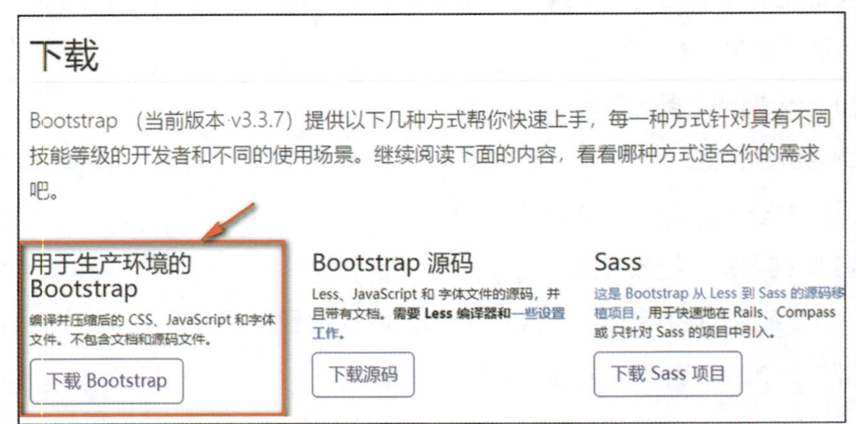

图 4-3-2　下载 Bootstrap 前端开发框架

下载压缩包后，将其解压缩到项目目录。目录结构如下：

```
Bootstrap-3.3.7-dist/
├── css  // CSS 文件
│   ├── Bootstrap-theme.css  // Bootstrap 主题样式文件
│   ├── Bootstrap-theme.css.map
│   ├── Bootstrap-theme.min.css  // 主题相关样式压缩文件
│   ├── Bootstrap-theme.min.css.map
│   ├── Bootstrap.css
│   ├── Bootstrap.css.map
```

```
│   ├── Bootstrap.min.css  // 核心 CSS 样式压缩文件
│   └── Bootstrap.min.css.map
├── fonts  // 字体文件
│   ├── glyphicons-halflings-regular.eot
│   ├── glyphicons-halflings-regular.svg
│   ├── glyphicons-halflings-regular.ttf
│   ├── glyphicons-halflings-regular.woff
│   └── glyphicons-halflings-regular.woff2
└── js  // Java script 文件
    ├── Bootstrap.js
    ├── Bootstrap.min.js  // 核心 Java script 压缩文件
    └── npm.js
```

2. 使用 Bootstrap

使用 Bootstrap 时，只需要用 <link> 标签导入 Bootstrap 文件即可。示例代码如下：

```
<!-- Bootstrap 核心 CSS 文件 -->
<link href="Bootstrap-3.3.7-dist/css/Bootstrap.min.css" rel="stylesheet">
 <!-- jQuery 文件：务必在 Bootstrap.min.js 之前引入，需要另行下载 -->
<script src="Bootstrap-3.3.7-dist/js/jquery.min.js"></script>
 <!-- Bootstrap 核心 Java script 文件 -->
<script src="Bootstrap-3.3.7-dist/js/Bootstrap.min.js"></script>
```

3. 基本模板

利用 Bootstrap 的基本模板完成第一个页面设计，示例代码如下：

```
<!DOCTYPE html>
<html lang="zh-CN">
  <head>
    <meta charset="utf-8">
    <meta http-equiv="X-UA-Compatible" content="IE=edge">
```

```
    <meta name="viewport" content="width=device-width, initial-scale=1">
    <!-- 上述 3 个 meta 标签 * 必须 * 放在最前面，任何其他内容都 * 必须 * 跟随其
    后！ -->
    <title>Bootstrap 101 Template</title>
    <!-- Bootstrap -->
    <link href="https://cdn.jsdelivr.net/npm/Bootstrap@3.3.7/dist/css/Bootstrap.min.css"
    rel="stylesheet">
    <!-- HTML5 shim 和 Respond.js 是为了让 IE8 支持 HTML5 元素和媒体查询（media
    queries）功能 -->
    <!-- 警告：通过 file:// 协议（就是直接将 html 页面拖拽到浏览器中）访问页面时
    Respond.js 不起作用 -->
    <!--[if lt IE 9]>
      <script src="https://cdn.jsdelivr.net/npm/html5shiv@3.7.3/dist/html5shiv.min.js"></
      script>
      <script src="https://cdn.jsdelivr.net/npm/respond.js@1.4.2/dest/respond.min.js"></
      script>
    <![endif]-->
  </head>
  <body>
    <h1> 你好，世界！ </h1>
    <!-- jQuery（Bootstrap 的所有 Java script 插件都依赖 jQuery，所以必须放在前边）-->
    <script src="https://cdn.jsdelivr.net/npm/jquery@1.12.4/dist/jquery.min.js"></script>
    <!-- 加载 Bootstrap 的所有 Java script 插件。也可以根据需要只加载单个插件。 -->
    <script src="https://cdn.jsdelivr.net/npm/Bootstrap@3.3.7/dist/js/Bootstrap.min.js"></
    script>
  </body>
</html>
```

第一个页面效果图如图 4-3-3 所示。

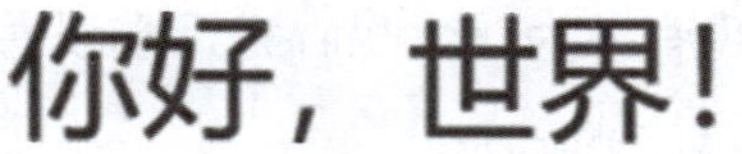

你好，世界！

图 4-3-3 第一个页面效果图

小贴士

注意对比 Bootstrap 文件的引用方式：上述使用 Bootstrap 时，采用本地引用方式；而利用 Bootstrap 的基本模板完成第一个页面设计时，采用在线引用方式。

4. 栅格系统

Bootstrap 提供了一套响应式、移动设备优先的流式栅格系统，随着屏幕或视口尺寸的增加，系统会自动分为最多 12 列。

在平面设计中，栅格是一种由一系列用于组织内容的相交的直线（垂直的、水平的）组成的结构（通常是二维的）。它广泛应用于打印设计中的设计布局和内容结构。在网页设计中，它是一种用于快速创建一致布局和有效地使用 HTML 和 CSS 的方法。

简单地说，网页设计中的栅格用于组织内容，让网站易于浏览，并降低用户端的负载。

Bootstrap 包含了一个响应式的、移动设备优先的、不固定的栅格系统，可以随着设备或视口大小的增加而适当地扩展到 12 列。它包含了用于简单的布局选项的预定义类，也包含了用于生成更多语义布局的功能强大的混合类。

Bootstrap 代码从小屏幕设备（如移动设备等）扩展到大屏幕设备（如各种类型的计算机等）上的组件和栅格。

（1）Bootstrap 栅格系统的工作原理

“行”必须包含在 .container（固定宽度）或 .container-fluid（100% 宽度）中，以便为其赋予合适的排列（alignment）和内补（padding）。通过“行”在水平方向创建一组“列”。内容应当放置于“列”内，并且只有“列”可以作为“行”的直接子元素。

类似 .row 和 .col-xs-4 这种预定义的类，可以用来快速创建栅格布局。Bootstrap 源码中定义的 mixin 也可以用来创建语义化的布局。

通过为“列”设置 padding 属性，从而创建列与列之间的间隔。通过为 .row

元素设置负值 margin，抵消掉为 .container 元素设置的 padding，也就间接为“行”所包含的“列”抵消掉了 padding。

栅格系统中的列是通过指定 1 ~ 12 的值来表示其跨越的范围。例如，三个等宽的列可以使用三个 .col-xs-4 来创建。如果一“行”中包含的“列”大于 12，多余的“列”所在的元素将被作为一个整体另起一行排列。

栅格类适用于屏幕宽度大于或等于分界点大小的设备，并且针对小屏幕设备覆盖栅格类。

（2）栅格参数

Bootstrap 栅格系统相关参数见表 4-3-1。

表 4-3-1　Bootstrap 栅格系统相关参数

	超小屏幕手机（<768 px）	小屏幕平板（≥ 768 px）	中等屏幕桌面显示器（≥ 992 px）	大屏幕大桌面显示器（≥ 1 200 px）
栅格系统行为	总是水平排列	开始是堆叠在一起的，当大于这些阈值时将变成水平排列		
最大宽度	none（自动）	750 px	970 px	1 170 px
类前缀	.col-xs-	.col-sm-	.col-md-	.col-lg-
列	12			
最大列宽	自动	62 px	81 px	97 px
槽宽	30 px（每列左、右均为 15 px）			
可嵌套	是			
偏移	是			
列排序	是			

（3）媒体查询

媒体查询只适用于一些基于某些规定条件的 CSS。如果满足那些条件，则应用相应的样式。

Bootstrap 中的媒体查询允许基于视口大小移动、显示并隐藏内容。下面的媒体查询在 Less 文件中使用，用来创建 Bootstrap 栅格系统中关键的分界点阈值。

```
/* 超小屏幕（手机，小于 768px）*/
/* 没有任何媒体查询相关的代码，因为这在 Bootstrap 中是默认的（还记得 Bootstrap 是移动设备优先的吗？）*/

/* 小屏幕（平板，大于或等于 768px）*/
@media (min-width: @screen-sm-min) { ... }

/* 中等屏幕（桌面显示器，大于或等于 992px）*/
@media (min-width: @screen-md-min) { ... }

/* 大屏幕（大桌面显示器，大于或等于 1200px）*/
@media (min-width: @screen-lg-min) { ... }
```

开发者有时也会在媒体查询代码中包含 max-width，从而将 CSS 的影响限制在更小范围的屏幕尺寸之内。

```
@media (max-width: @screen-xs-max) { ... }
@media (min-width: @screen-sm-min) and (max-width: @screen-sm-max) { ... }
@media (min-width: @screen-md-min) and (max-width: @screen-md-max) { ... }
@media (min-width: @screen-lg-min) { ... }
```

三、无障碍网页及其特点

ARIA（Accessible Rich Internet Application）是指无障碍网页应用，主要针对的是视觉缺陷、失聪、行动不便的残疾人以及假装残疾的测试人员，尤其是盲人，他们的眼睛看不到，浏览网页时需要借助辅助设备，如屏幕阅读器（屏幕阅读器可以大声朗读或输出盲文），ARIA 可以让屏幕阅读器准确识别网页中的内容和变化等，可以让盲人也能无障碍阅读。

1. ARIA 的作用

Bootstrap 的 ARIA 可以让盲人用户知道模拟控件的类型，例如，知道当前浏览区域就是网站主导航，知道单击某个按钮后出来的是弹框，知道单击某个按钮后页面另外一个区域的文字发生了变化，知道使用 <li> 标签是用来模拟标准 select 控件，知道模拟的 select 控件是单选还是多选等。

2. 显示或隐藏内容

内容可以在视觉上隐藏，但仍然可以通过辅助技术（如屏幕阅读器）访问，可以使用 .sr-only 类进行设计。当需要将其他视觉信息或线索（如通过使用颜色表示的含义）传达给非可视用户时也很有用。

```
<p class="text-danger">
  <span class="sr-only">Danger: </span>
  This action is not reversible
</p>
```

对于视觉隐藏的交互式控件，如传统的“跳过”链接，.sr-only 可以与 .sr-only-focusable 相结合。对于视力正常的用户，这将确保一旦关注控件，控件就会变得可见。

```
<a class="sr-only sr-only-focusable" href="#content">Skip to main content</a>
```

任务实施

1. 定义页面结构

```
<!DOCTYPE html>
<html lang="en">
<head>
        <meta charset="UTF-8">
        <meta name="viewport" content="width=device-width, initial-scale=1.0">
        <meta http-equiv="X-UA-Compatible" content="ie=edge">
        <title>V 酒店 </title>
        <link rel="stylesheet" href="css/Bootstrap.min.css">
        <link rel="stylesheet" href="css/public.css">
        <link rel="stylesheet" href="css/style.css">
```

```
        <link rel="stylesheet" href="css/media.css">
        <link rel="stylesheet" href="css/font.css">
</head>
<body>
        <div class="container-fluid main-container">
            <!-- 顶部区域 -->
            <div class="row justify-content-end">

            </div>
              <!-- 主要内容区域 -->
              <div class="row main-content mt-5">
                <!-- 主要内容区域菜单 -->
                <div class="main-menu main d-md-block d-sm-flex align-items-center col-xl-1
                col-lg-2 col-md-2 col-sm-12 col-12">

                </div>
                <!-- 酒店信息区域 -->
                <div class="main-detail order-3 order-sm-0 main col-xl-2 col-lg-2 col-md-3 col-
                sm-3 col-12">

                </div>
                <!-- 中间内容区域 -->
                <div class="main-center main col-xl-7 col-lg-6 col-md-7 col-sm-9 col-12">
                    <!-- 会议区域 -->
                    <div class="f-t-20 title-bolder">
                        会议和活动
                    </div>

                    <!-- 相册区域 -->
```

```
                <div class="title-bolder f-t-20 mt-4">
                    照片库
                </div>

                <!-- 用户评价区域 -->
                <div class="row mt-4">

                </div>
            </div>
            <!-- 赞助商区域 -->
            <div class="main-thing main d-lg-block col-xl-2 col-lg-2 col-sm-3 d-none">

            </div>
        </div>
    </div>
    <!-- 页脚区域 -->
    <div class="container-fluid f-t-12 row mt-5 pb-5">

    </div>
    <!-- <script src="./js/Bootstrap.min.js"></script> -->
    <script src="./js/photo-gallery.js"></script>
</body>
</html>
```

2. 定义顶部区域

```
<!-- 顶部区域 -->
<div class="row justify-content-end">
    <a href="" class="book-a-room col-xl-2 col-lg-2 col-sm-3"> 房间预订 </a >
</div>
```

3. 定义内容区域

```
<!-- 主要内容区域 -->
        <div class="row main-content mt-5">
         <!-- 主要内容区域菜单 -->
         <div class="main-menu main d-md-block d-sm-flex align-items-center col-xl-1
         col-lg-2 col-md-2 col-sm-12 col-12">
            <div class="f-t-24 title-bolder col-xl-12 col-lg-12 col-md-12 col-sm-3 col-
            12 p-0">
               V 酒店
            </div>
            <div class="menu_content col-xl-12 col-lg-12 col-md-12 col-sm-8
            col-10 p-0 m-sm-0 mt-1 mt-md-3 d-flex d-md-block justify-content-
            between">
                  <a href=""> 查找酒店 </a>
                  <a href=""> 会议和活动 </a>
                  <a href=""> 关于酒店 </a>
            </div>
         </div>
         /<!-- 酒店信息区域 -->
         <div class="main-detail order-3 order-sm-0 main col-xl-2 col-lg-2 col-md-3 col-
         sm-3 col-12">
            <div class="f-t-20 title-bolder">
               酒店详情
            </div>
            <div class="detail_menu d-sm-block d-none">
               <a href=""> 便利设施 </a>
               <a href=""> 地图 </a>
               <a href=""> 房间类型 </a>
            </div>
```

```
            <div class="detail_check">
                <div class="check_title title-bolder">
                    登记入住
                </div>
                <div class="check_list">
                    登记入住 :3pm
                </div>
                <div class="check_list">
                    登记离开 :12pm
                </div>
            </div>
            <div class="detail_map">
                <div class="map_title title-bolder">
                    地图和位置
                </div>
                <img src="./Images/map.png" alt="" class="mb-2 w-100">
            </div>
        </div>
        <!-- 中间内容区域 -->
        <div class="main-center main col-xl-7 col-lg-6 col-md-7 col-sm-9 col-12">
            <!-- 会议区域 -->
            <div class="f-t-20 title-bolder">
                会议和活动
            </div>
            <div class="meeting_sub f-t-12">
                我们为不同类型的活动提供场地：
            </div>
            <div class="meeting-content">
                <div class="meeting-list">
```

```
            <img src="./Images/5016.png" alt="">
            <span class="meeting-list_title"> 聚会 </span>
        </div>
        <div class="meeting-list">
            <img src="./Images/5015.png" alt="">
            <span class="meeting-list_title"> 会议室 </span>
        </div>
        <div class="meeting-list">
            <img src="./Images/5040.png" alt="">
            <span class="meeting-list_title"> 工作坊 </span>
        </div>
    </div>
    <div class="text-content f-t-12">
        看看我们的客户对这个项目是怎么说的：宾至如归的感觉，像回
        到自己的家里；有特别新鲜的事物，使我感觉没有白花钱；布局
        合理，有阳光，不管是自然的阳光，还是服务微笑的阳光，总之
        我的心情很愉悦
    </div>
    <!-- 相册区域 -->
    <div class="title-bolder f-t-20 mt-4">
        照片库
    </div>
    <canvas id="photo-gallery" width="500" height="250" class="mt-3"
    style="background-color:#efefef ;width: 100%;"></canvas>
    <div class="text-content f-t-12">
        照片库中展示的是客户居住在酒店期间的生活游乐照。
</div>
    <div class="photo-img d-flex w-100 justify-content-center align-items-
    center">
```

```
                <img src="./Images/5018.png" class="w-100" alt="">
                <span class="photo-img_title f-t-12"> 别只听我们说 </span>
            </div>
            <!-- 用户评价区域 -->
            <div class="row mt-4">
                <div class="order-sm-0 order-2 col-xl-5 col-lg-7 col-md-7 col-sm-7 col-
                12 p-0">
                    <div class="title-bolder f-t-20 mt-3">
                        推荐信
                    </div>
                    <div class="testimonials-intensive">
                        很棒的酒店和便利的地理位置。绝对是五颗星!
                    </div>
                    <div class="text-content f-t-12 mt-4">
                        推荐前来游玩的旅客来居住噢!
                    </div>
                </div>
                <div class="col-xl-7 col-lg-5 col-md-5 col-sm-5 col-12 d-sm-block d-flex p-0">
                    <img src="./Images/4912.png" class="col-sm-12 col-6 p-sm-0 p-0 pr-
                    1" alt="">
                    <img src="./Images/5029.png" class="col-sm-12 col-6 p-sm-0 p-0 pl-1
                    mt-sm-1 mt-0" alt="">
                </div>
            </div>
        </div>
        <!-- 赞助商区域 -->
        <div class="main-thing main d-lg-block col-xl-2 col-lg-2 col-sm-3 d-none">
            <div class="f-t-16 title-bolder">
                要做的事情
```

```
        </div>
        <div class="mt-3 row justify-content-between">
            <img src="./Images/ads.png" class="col-6 pl-0 pr-1 mb-1" alt="">
            <img src="./Images/ads.png" class="col-6 pr-0 pl-1 mb-1" alt="">
            <img src="./Images/ads.png" class="col-6 pl-0 pr-1 mb-1" alt="">
            <img src="./Images/ads.png" class="col-6 pr-0 pl-1 mb-1" alt="">
        </div>
        <div class="thing-become f-t-12 mt-3">
            成为赞助商
        </div>
    </div>
</div>
```

4. 定义底部区域

```
<!-- 页脚区域 -->
    <div class="container-fluid f-t-12 row mt-5 pb-5">
        <div class="col-md-3 col-sm-6 mb-sm-0 mb-3">
            <p class="title-bold">
                联系方式
            </p>
            <p class="mt-3">hello@example.com</p>
            <p class="mt-3"> 西湖路 2 号 </p>
        </div>
        <div class="col-md-3 col-sm-6 mb-sm-0 mb-3">
            <p class="title-bold">
                页脚
            </p>
            <p class="mt-3">
                页脚内容
```

```
            </p>
        </div>
        <div class="col-md-3 col-sm-6 mb-sm-0 mb-3">
            <p class="title-bold">
                订阅
            </p>
            <p class="mt-3">
                订阅我们的新闻通讯
            </p>
        </div>
        <div class="col-md-3 col-sm-6 mb-sm-0 mb-3">
            <p class="title-bold">
                酒店集团
            </p>
            <p class="mt-3">
                我们在世界各地都有酒店。
            </p>
            <div class="footer_icon mt-3">
                <img src="./Images/icon.gif" alt="">
                <img src="./Images/icon.gif" alt="">
                <img src="./Images/icon.gif" alt="">
                <img src="./Images/icon.gif" alt="">
                <img src="./Images/icon.gif" alt="">
                <img src="./Images/icon.gif" alt="">
            </div>
        </div>
        <div class="col-md-3 col-sm-6 mb-sm-0 mb-3">
            <p>&copy;2015.WorldSkills.</p>
        </div>
    </div>
```

最终效果图如图 4-3-4 所示。

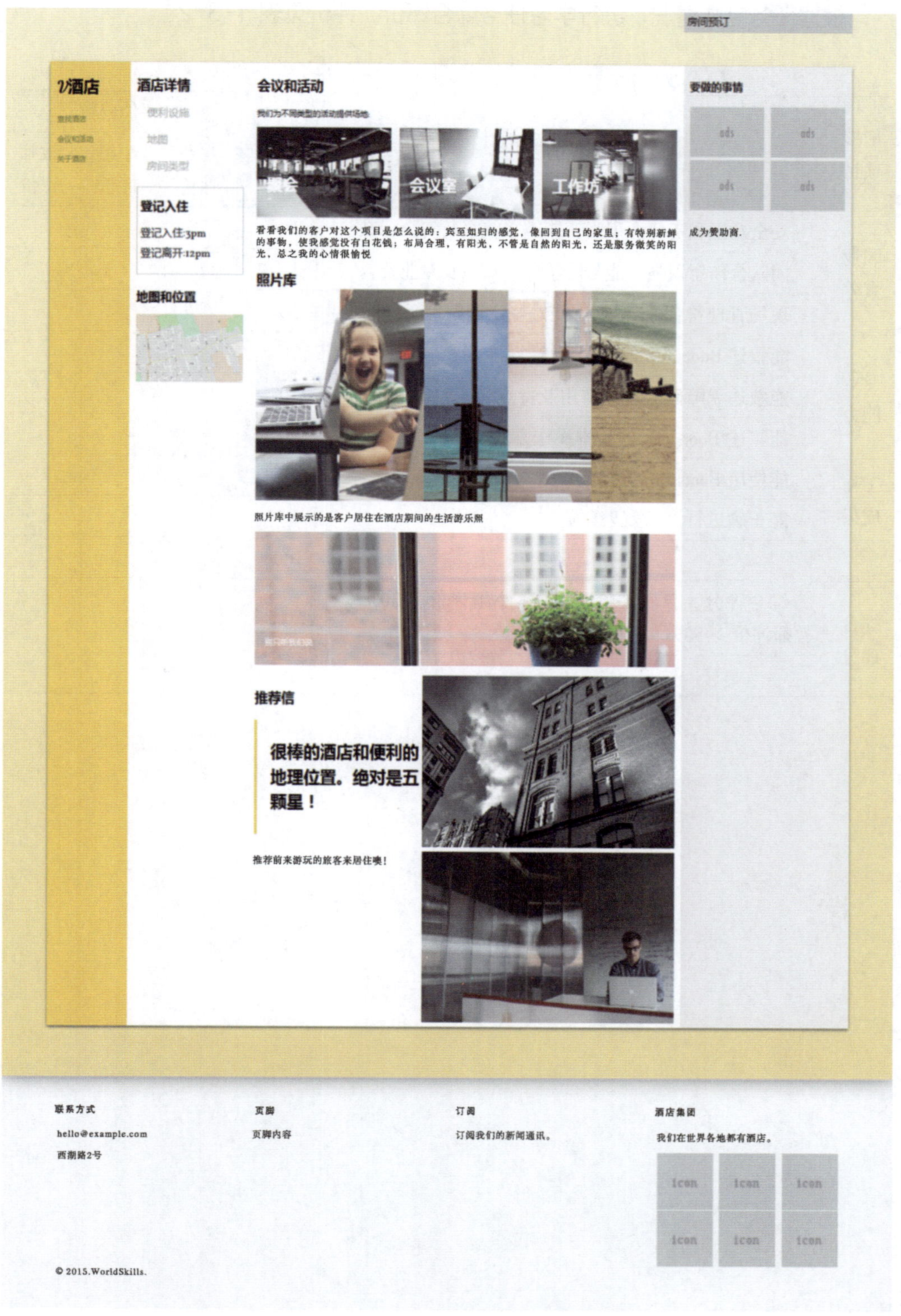

图 4-3-4　最终效果图

工作评价

根据任务完成情况，进行学习任务综合评价，评价见表 4-3-2。

表 4-3-2　学习任务综合评价

考核项目	评价内容	配分（分）	评价分数		
			自我评价	小组评价	教师评价
职业素养	安全意识和责任意识强，能遵守健康及安全标准	10			
	团队合作意识强，能与同学分享知识及专业资料	10			
	现场管理符合 8S 标准，能做好定期整理工作	10			
专业能力	能叙述 Bootstrap 的相关概念	10			
	能叙述无障碍网页的作用及特点	10			
	能叙述 Bootstrap 的基本操作方法	20			
工作成果	能使用 Bootstrap 进行响应式页面布局	20			
	能正确进行页面效果预览	10			
总分		100			
综合评分	综合评分 = 自我评价 ×20%+ 小组评价 ×30%+ 教师评价 ×50%	教师（签名）:			

任务 4
综合实训：服装在线商城响应式页面布局

学习目标

能完成服装在线商城响应式页面布局。

任务描述

网络交易平台为企业带来了非常广阔的市场环境，同时为人们的生活带来了许多便利。本任务将设计和制作一个服装在线商城网站页面，要求无论用户使用何种设备进行浏览，网页都能进行自动响应式布局，给用户提供良好的使用体验。

具体要求如下：

1. 规划响应式页面。
2. 定义响应式页面结构。
3. 布局响应式页面。

任务实施

1. 规划响应式页面

分别按计算机端、平板端、手机端规划页面。

（1）规划“服装在线商城”计算机端页面结构，页面宽度为 1 440 px，如图 4-4-1 所示。

页眉
主导航
广告轮播
父亲节礼物指南
特殊商品
系列服装
新品精选
产品展示
主视图
副导航
商店
帮助
电子邮件
社区
页脚
copyright

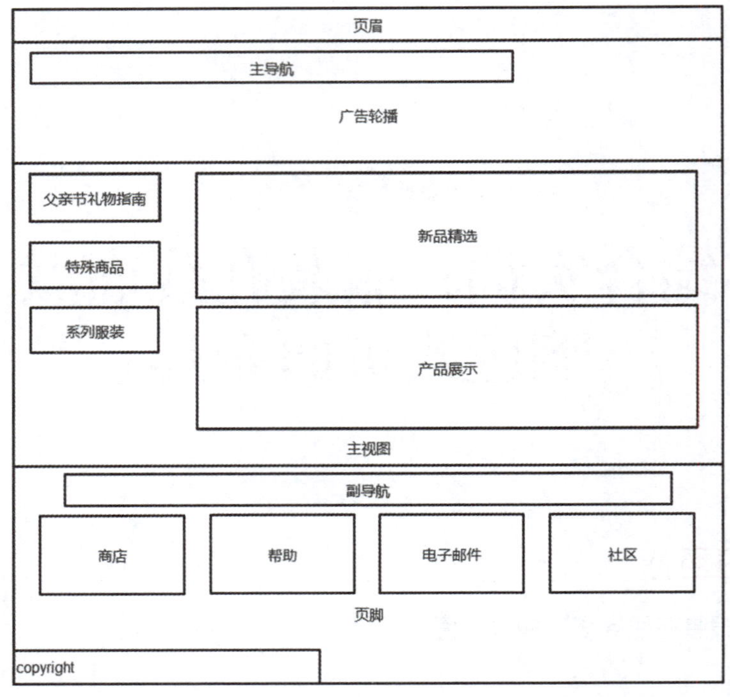

图 4-4-1 “服装在线商城”计算机端页面结构图

（2）规划“服装在线商城”平板端页面结构，页面宽度为 768 px，如图 4-4-2 所示。

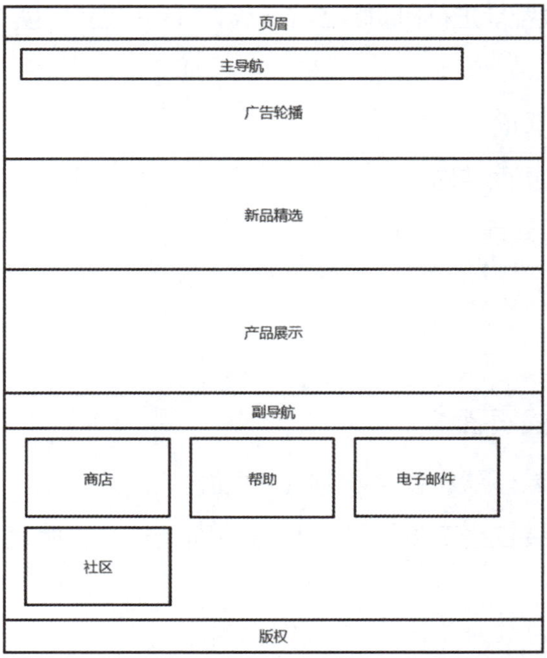

页眉
主导航
广告轮播
新品精选
产品展示
副导航
商店
帮助
电子邮件
社区
版权

图 4-4-2 “服装在线商城”平板端页面结构图

（3）规划“服装在线商城”手机端页面结构，页面宽度为 480 px，如图 4-4-3 所示。

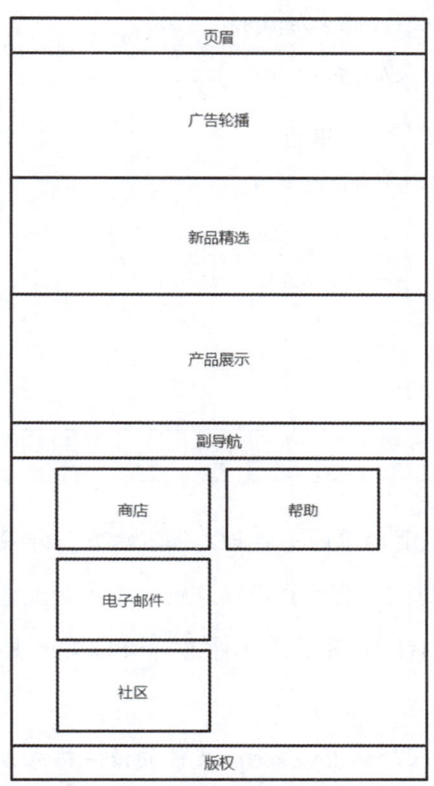

图 4-4-3 “服装在线商城”手机端页面结构图

2. 定义响应式页面结构

（1）新建一个 HTML 文件，命名为 index.html。引入 style.css 样式表文件，并引入 jquery-2.1.1.js、dom.js、create.js 和 index.js 文件，构建页面整体布局。关键代码如下：

```
<!DOCTYPE html>
<html lang="en">
<head>
    <meta charset="UTF-8">
    <meta name="viewport" content="width=device-width, initial-scale=1.0">
    <meta http-equiv="X-UA-Compatible" content="ie=edge">
    <title>NATURAL</title>
```

```
    <link rel="stylesheet" href="css/style.css">
    /* 引入 js 文件 */
    <script src="js/jquery-2.1.1.js"></script>
    <script src="js/dom.js"></script>
    <script src="js/create.js"></script>
    <script src="js/index.js"></script>
</head>
<body>
</body>
</html>
```

小贴士

Java script 是 Web 页面中的一种脚本编程语言，常用来为网页添加各式各样的动态功能或交互功能，为用户提供流畅、美观的浏览效果。它不需要进行编译，可以直接嵌入 HTML 页面，把静态页面转变为支持用户交互并响应相应事件的动态页面。

在 Web 页面中引入外部 Java script 文件的语法格式如下：

```
<script language="java script" src="your-Java script.js"></script>
```

（2）定义全局样式，CSS 代码如下：

```
*{
    padding: 0;
    margin: 0;
}
body {
    font-family: "Arial";
}
a{
    text-decoration: none;
```

```
    color: #000;
}
.show-sx {
    display: none;
}
.block {
    display: block;
}
.wrapper {
    max-width: 1100px;
    margin: 0 auto;
}

/*
    弹性盒子设置
*/
.flex {
    display: flex;
}
.flex-row {
    flex-direction: row;
}
.flex-j-s-sb {
    justify-content: space-between;
}
.flex-item-center {
    align-items: center;
}
.flex-j-s-sa {
```

```
    justify-content: space-around;
}
.flex-item-end {
    align-items: flex-end;
}
.flex-wrap {
    flex-wrap: wrap;
}

/*
    margin and padding 设置
*/
.ml-10 {
    margin-left: 10px;
}
.mr-10 {
    margin-right: 10px;
}
.mr-20 {
    margin-right: 20px;
}
.mt-180 {
    margin-top: 180px;
}
.mt-10 {
    margin-top: 10px;
}
.mb-10 {
    margin-bottom: 10px;
```

```
}
.pt-50 {
    padding-top: 50px;
}
```

（3）实现页面头部区块，效果如图 4-4-4 所示。

图 4-4-4　头部区块效果

在 index.html 文件的 <body> 和 </body> 标签之间添加如下 HTML 代码：

```
<!-- 头部区域 -->
<div class="header">
    <div class="info">
        <div class="wrapper flex flex-j-s-sb flex-item-center">
            <ul class="header-nav flex flex-row"></ul>
            <div class="shop flex flex-j-s-sb flex-item-center">
                <img class="block" src="images/bag.png" alt="">
                <p> 我的购物袋 : 0 | 时间 :(<span class="total">$0.00</span>)</p>
            </div>
        </div>
    </div>
    <!-- 头部的 banner 部分 -->
    <div class="nav wrapper"></div>
    <div class="content wrapper flex flex-row flex-j-s-sb">
```

```
            <div class="left">
                <img src="images/brand.png" alt="">
                <div class="input flex-row flex mt-180">
                    <input type="text" placeholder=" 关键词 ...">
                    <button> 搜索 </button>
                </div>
            </div>
            <div class="right">
                <img src="images/shadow.png" class="img-shadow" alt="">
                <img src="images/banner_1.png" class="img left-opacity" alt="">
                <img src="images/banner_2.png" class="img" alt="">
                <img src="images/banner_3.png" class="img right-opacity" alt="">
                <img src="images/shadow.png" class="img-shadow" alt="">
            </div>
        </div>
        <!--banner 轮播图切换按钮 -->
      <div class="btn-group">
          <div class="btn"></div>
          <div class="btn active"></div>
          <div class="btn"></div>
      </div>

</div>
```

在 style.css 样式表文件中添加如下 CSS 代码：

```
/*
    头部区域
*/
.header {
```

```
    position: relative;
    height: 452px;
    background: url(../images/bg.png) no-repeat center top;
    background-size: cover;
}
.header > .info {
    background: rgba(255,255,255,0.3);
    height: 30px;
}
.header > .info > .wrapper > .header-nav {
    list-style: none;
    height: 30px;
    color: #fff;
    font-size: 12px;
    letter-spacing : 1px;
}
.header > .info > .wrapper > .shop {
    color: #fff;
    font-size: 12px;
}

.total {
    color: yellow;
}

.header > .nav {
    padding: 30px 0;
    cursor: pointer;
    color: #fff;
```

```
}
.header > .nav > a {
    color: #fff;
}
.header > .nav > .active {
    color: #FFB300;
}

.header > .content {
    position: relative;
    height: 338px;
}
.header > .content > .left > .input {
    z-index: 1;
    position: relative;
    width: 100%;
}
.header > .content > .left > .input > input {
    display: block;
    width: 80%;
    box-sizing: border-box;
    margin-right: 0;
    padding: 1px 8px;
}
.header > .content > .left > .input > button {
    width: 20%;
    display: block;
    box-sizing: border-box;
    background: #B64645;
```

```
    border: none;
    color: #fff;
    height: 28px;
}
.header > .content > .right {
    position: absolute;
    right: 0;
    bottom: 0;
    width: 580px;
    height: 338px;
}
.header > .content > .right > .img {
    height: 338px;
    transition: all 1s ease;
    position: absolute;
    left: 50%;
    bottom : 1px;
    margin-left: -142px;
}
.header > .content > .right > .left-opacity {
    left: 0;
    margin-left: 0;
    opacity: 0;
    width: 227px;
}
.header > .content > .right > .right-opacity {
    right: 0;
    margin-left: 0;
    opacity: 0;
```

```
    width: 227px;
}
.header > .content > .right > .img-shadow {
    position: absolute;
    bottom: 0;
}
.header > .content > .right > .img-shadow:first-child {
    left: 0;
    bottom : 1px;
}
.header > .content > .right > .img-shadow:last-child {
    right: 0;
    bottom : 1px;
}

.header > .btn-group {
    width: 100%;
    background: rgba(0,0,0,0.4);
    position: absolute;
    bottom: 0;
    height: 30px;
    text-align: center;
}
.header > .btn-group > .btn {
    margin-top: 5px;
    display: inline-block;
    width: 20px;
    height: 20px;
    border-radius: 50%;
```

```
        cursor: pointer;
        background: #fff;
}
.header > .btn-group > .active {
        background: #FFB300;
}
```

（4）实现主内容区块，效果图如图 4-4-5 所示。

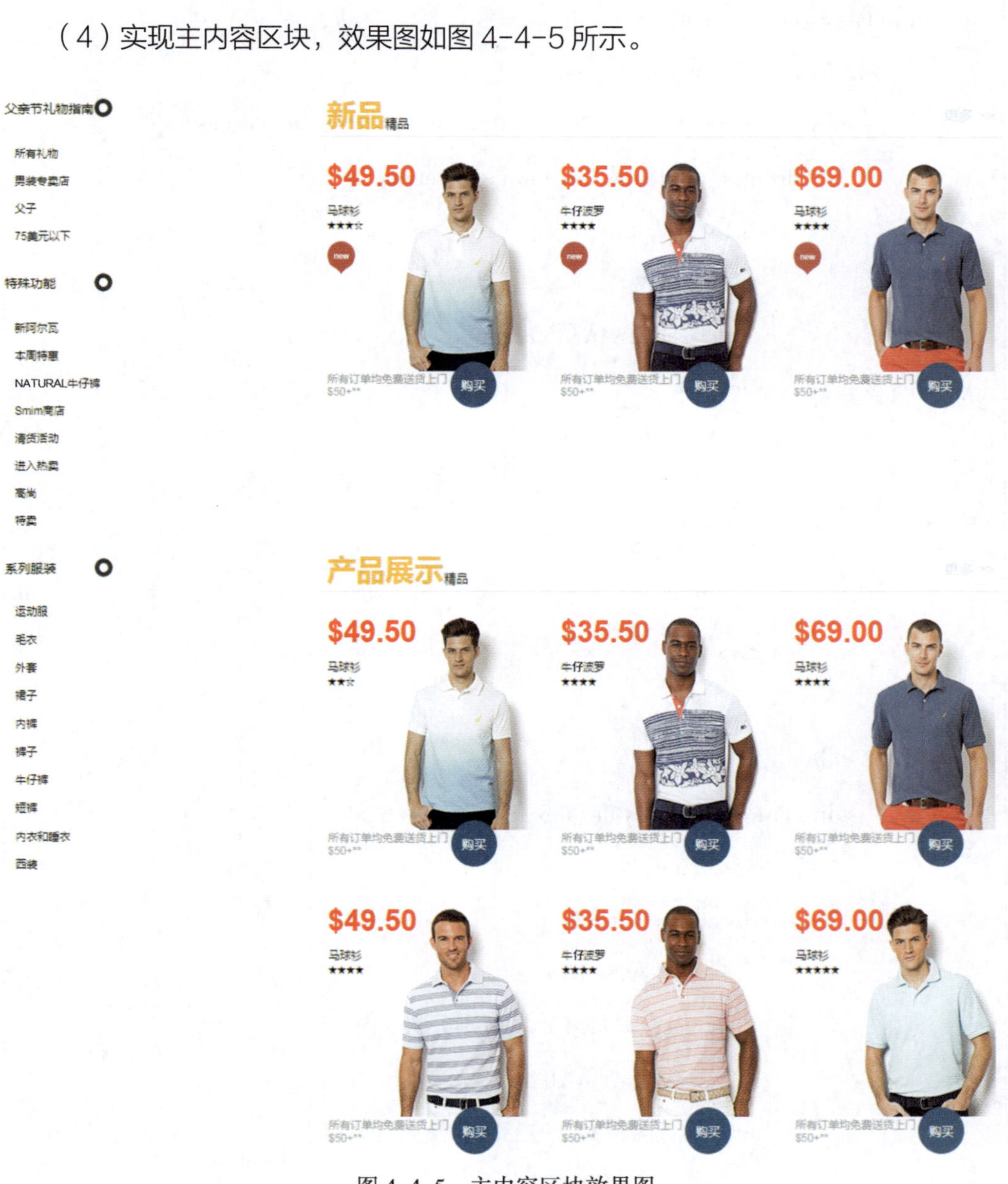

图 4-4-5　主内容区块效果图

在 index.html 中，继续添加如下 HTML 代码：

```
<!-- 主体内容区域 -->
<div class="wrapper pt-50 flex flex-j-s-sb flex-row">

    <div class="left-content"></div>

    <div class="right-content">
        <div class="show-sx tab-shopping">
            <div class="shop-header flex-row flex flex-j-s-sb flex-item-center">
                <div class="title flex flex-row flex-item-end">
                    <h1> 新品 </h1>
                    <p>
                        <small> 精品 </small>
                    </p>
                </div>
                <p>
                    <a href="#">
                        更多 >>
                    </a>
                </p>
            </div>
            <div class="shop-body flex flex-row flex-j-s-sb">
                <div class="item">
                    <div class="left-info">
                        <h1>$49.5</h1>
                        <p class="mt-10"> 马球衫 </p>
                        <p class="mb-10">
                            &#9733;&#9733;&#9733;&#9734;
                        </p>
```

```
            <img src="images/new.png" alt="">
        </div>
        <img src="images/goods_1_s.jpg" class="block" style="margin: 0 auto;"
        alt="">
        <div class="bottom flex flex-row flex-item-center">
            <button> 购买 </button>
        </div>
    </div>
    <div class="item">
        <div class="left-info">
            <h1>$49.5</h1>
            <p class="mt-10">Fine Stripe Polo</p>
            <p class="mb-10">
                &#9733;&#9733;&#9733;&#9734;
            </p>
            <img src="images/new.png" alt="">
        </div>
        <img src="images/goods_2_s.jpg" class="block" style="margin: 0 auto;"
        alt="">
        <div class="bottom flex flex-row flex-item-center">
            <button> 购买 </button>
        </div>
    </div>
    <div class="item">
        <div class="left-info">
            <h1>$49.5</h1>
            <p class="mt-10">Fine Stripe Polo</p>
            <p class="mb-10">
                &#9733;&#9733;&#9733;&#9734;
```

```
                        </p>
                        <img src="images/new.png" alt="">
                    </div>
                    <img src="images/goods_3_s.jpg" class="block" style="margin: 0 auto;"
                    alt="">
                    <div class="bottom flex flex-row flex-item-center">
                        <button> 购买 </button>
                    </div>
                </div>
            </div>
            <div class="btn-group flex flex-row flex-j-s-sb">
                <div class="btn active"></div>
                <div class="btn"></div>
                <div class="btn"></div>
            </div>
        </div>
        <div class="show-sx tab-shopping">
            <div class="shop-header flex-row flex flex-j-s-sb flex-item-center">
                <div class="title flex flex-row flex-item-end">
                    <h1> 产品展示 </h1>
                    <p>
                        <small> 精品 </small>
                    </p>
                </div>
                <p>
                    <a href="#">
                        更多 >>
                    </a>
                </p>
```

```
        </div>
        <div class="shop-body flex flex-row flex-j-s-sb">
            <div class="item">
                <div class="left-info">
                    <h1>$49.5</h1>
                    <p class="mt-10">Fine Stripe Polo</p>
                    <p class="mb-10">
                        &#9733;&#9733;&#9733;&#9734;
                    </p>
                    <img src="images/new.png" alt="">
                </div>
                <img src="images/goods_4_s.jpg" class="block" style="margin: 0 auto;"
                alt="">
                <div class="bottom flex flex-row flex-item-center">
                    <button> 购买 </button>
                </div>
            </div>
            <div class="item">
                <div class="left-info">
                    <h1>$49.5</h1>
                    <p class="mt-10">Fine Stripe Polo</p>
                    <p class="mb-10">
                        &#9733;&#9733;&#9733;&#9734;
                    </p>
                    <img src="images/new.png" alt="">
                </div>
                <img src="images/goods_5_s.jpg" class="block" style="margin: 0 auto;"
                alt="">
                <div class="bottom flex flex-row flex-item-center">
```

```
                        <button> 购买 </button>
                    </div>
                </div>
                <div class="item">
                    <div class="left-info">
                        <h1>$49.5</h1>
                        <p class="mt-10">Fine Stripe Polo</p>
                        <p class="mb-10">
                            &#9733;&#9733;&#9733;&#9734;
                        </p>
                        <img src="images/new.png" alt="">
                    </div>
                    <img src="images/goods_6_s.jpg" class="block" style="margin: 0 auto;"
                    alt="">
                    <div class="bottom flex flex-row flex-item-center">
                        <button> 购买 </button>
                    </div>
                </div>
            </div>
            <div class="btn-group flex flex-row flex-j-s-sb">
                <div class="btn active"></div>
                <div class="btn"></div>
                <div class="btn"></div>
            </div>
        </div>
    </div>
</div>
```

在 style.css 样式表文件中，继续添加如下 CSS 代码：

```
/*
    主体内容区域
*/
.wrapper > .left-content {
    max-width: 300px;
}
.wrapper > .left-content > .tab {
    width: 100%;
}
.wrapper > .left-content > .tab > .tab-header {
    font-size: 14px;
    padding: 10px 4px;
    background: #FAFAFA;
}
.wrapper > .left-content > .tab > .tab-body {
    font-size: 12px;
    padding: 15px;
    line-height: 30px;
}
.wrapper > .right-content {
    width: 752px;
    min-height: 200px;
}
.wrapper > .right-content > .tab-shopping {
    padding-bottom: 50px;
    width: 100%;
}
.wrapper > .right-content > .tab-shopping > .shop-header {
    border-bottom:1px solid #dadada;
```

```
    padding: 4px 10px;
}
.wrapper > .right-content > .tab-shopping > .shop-header > .title > h1 {
    color: #FFB300;
}
.wrapper > .right-content > .tab-shopping > .shop-header > p > a {
    color: #dadada;
}
.wrapper > .right-content > .tab-shopping > .shop-body {
    padding: 10px;
}
.wrapper > .right-content > .tab-shopping > .shop-body > .item {
    width: 30%;
    margin: 15px 0px;
    min-height: 280px;
    position: relative;
}
.wrapper > .right-content > .tab-shopping > .btn-group {
    width: 65px;
    height: 20px;
    margin: 10px auto;
}
.wrapper > .right-content > .tab-shopping > .btn-group > .btn {
    width: 20px;
    box-sizing: border-box;
    cursor: pointer;
    height: 20px;
    border-radius: 50%;
    background: #fff;
```

```
    border: 1px solid #dadada;
}
.wrapper > .right-content > .tab-shopping > .btn-group > .active {
    background: #FFD800;
}
.wrapper > .right-content > .tab-shopping > .shop-body > .item > .item-img {
    position: absolute;
    right: 0;
    z-index: -1;
}
.wrapper > .right-content > .tab-shopping > .shop-body > .item > .left-info {
    position: absolute;
    left: 0;
}
.wrapper > .right-content > .tab-shopping > .shop-body > .item > .left-info > h1 {
    color: red;
}
.wrapper > .right-content > .tab-shopping > .shop-body > .item > .left-info > p {
    font-size: 12px;
}
.wrapper > .right-content > .tab-shopping > .shop-body > .item > .bottom {
    position: absolute;
    font-size: 12px;
    color: #888888;
    width: 100%;
    bottom: 10px;
}
.wrapper > .right-content > .tab-shopping > .shop-body > .item > .bottom > button {
    width: 50px;
```

```
        height: 50px;
        border-radius: 50%;
        background: #14496B;
        color: #fff;
        border: none;
}
```

（5）实现移动端侧边栏按钮区块，效果图如图 4-4-6 所示。

图 4-4-6　移动端侧边栏按钮区块效果图

在 index.html 中，继续添加如下 HTML 代码：

```
<!-- 侧边栏按钮 -->
<div class="fixed-bar">
        <img src="images/return_top.png" id="go_top" alt="">
        <img src="images/bag_btn.png" alt="">
        <img src="images/nav_but.png" alt="">
        <img src="images/aside_btn.png" alt="">
</div>
```

（6）实现页脚区块，效果图如图 4-4-7 所示。

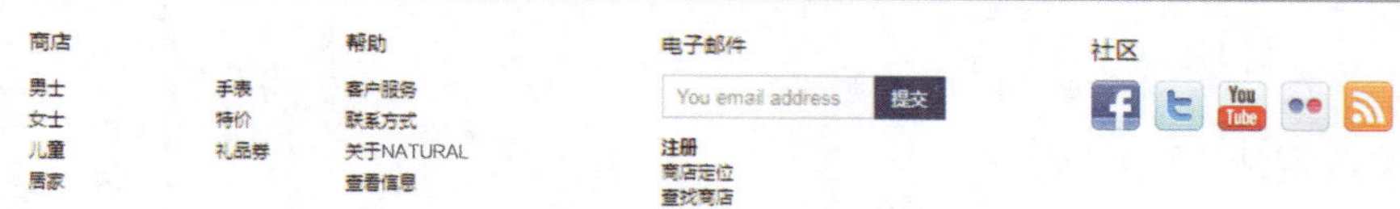

图 4–4–7　页脚区块效果图

在 index.html 中，继续添加如下 HTML 代码：

```
<!-- 页脚区域 -->
<footer class="wrapper">
    <p class="parents"> 企业责任 | 隐私政策 | 条款和条件 | 离职 | 职业 | 网站地图 </p>

    <div class="parents-sm">
        <p>
            <a> 企业责任 </a>
        </p>
        <hr style="border: 1px solid #B5ACBD;">
        <p>
            <a> 隐私政策 </a>
        </p>
        <hr style="border: 1px solid #B5ACBD;">
        <p>
            <a> 条款和条件 </a>
        </p>
        <hr style="border: 1px solid #B5ACBD;">
        <p>
            <a> 离职 </a>
        </p>
        <hr style="border: 1px solid #B5ACBD;">
        <p>
            <a> 职业 </a>
        </p>
```

```
        <hr style="border: 1px solid #B5ACBD;">
        <p>
            <a> 网站地图 </a>
        </p>
    </div>

    <hr style="border: 1px solid #888888;">

    <div class="footer flex flex-row flex-wrap">

        <div class="link">
            <p class="title"> 商店 </p>

            <div class="flex flex-row flex-j-s-sb">
                <div class="mt-10">
                    <p> 男士 </p>
                    <p> 女士 </p>
                    <p> 儿童 </p>
                    <p> 居家 </p>
                </div>
                <div class="mt-10">
                    <p> 手表 </p>
                    <p> 特价 </p>
                    <p> 礼品券 </p>
                </div>
            </div>

        </div>
```

```
<div class="link">
    <p class="title"> 帮助 </p>

    <div class="mt-10">
        <p> 客户服务 </p>
        <p> 联系方式 </p>
        <p> 关于 NATURAL</p>
        <p> 查看信息 </p>
    </div>
</div>

<div class="media">
    <p class="title"> 电子邮件 </p>
    <div class="input flex-j-s-sb flex flex-row mt-10 mb-10">
        <input type="text" placeholder="You email address">
        <button> 提交 </button>
    </div>
    <p style="font-weight: 600;"> 注册 </p>
    <p> 商店定位 </p>
    <p> 查找商店 </p>
</div>

<div class="media-btn">
    <p class="title"> 社区 </p>
    <div class="flex flex-row flex-j-s-sb mt-10">
        <div class="media-img mr-10"></div>
        <div class="media-img mr-10"></div>
        <div class="media-img mr-10"></div>
        <div class="media-img mr-10"></div>
        <div class="media-img"></div>
```

```
            </div>
        </div>

    </div>
</footer>
```

在 style.css 样式表文件中，继续添加如下 CSS 代码：

```
/*
    页脚区域
*/
.footer {
    width: 100%;
    padding: 20px;
    box-sizing: border-box;
}
.footer > div {
    margin-right: 50px;
    margin-bottom: 50px;
}
.footer > .link {
    width: 160px;
    font-size: 12px;
    line-height: 20px;
}
.footer > .link > .title,.footer > .media > .title {
    font-size: 14px;
}
.footer > .media {
    width: 235px;
    font-size: 12px;
```

```
}
.link > p {
    margin-right: 20px;
}
.footer > .media > .input {
    z-index: 1;
    position: relative;
    width: 80%;
}
.footer > .media > .input > input {
    display: block;
    width: 75%;
    box-sizing: border-box;
    margin-right: 0;
    padding: 1px 8px;
}
.footer > .media > .input > button {
    width: 25%;
    font-size: 10px;
    display: block;
    box-sizing: border-box;
    background: #203F65;
    border: none;
    color: #fff;
    height: 28px;
}
.parents {
    text-align: center;
    color: #B5ACBD;
```

```
    margin: 20px 0;
    font-size: 12px;
    cursor: pointer;
}
.parents-sm {
    display: none;
}
.media-img{
    background: url(../images/global_sprite.png) no-repeat;
    cursor: pointer;
}
.media-img:first-child {
    width:32px;
    height:32px;
    background-position: 0 -37px;
}
.media-img:nth-child(2) {
    width:32px;
    height:32px;
    background-position: -32px -37px;
}
.media-img:nth-child(3) {
    width:32px;
    height:32px;
    background-position: -64px -37px;
}
.media-img:nth-child(4) {
    width:32px;
    height:32px;
```

```
    background-position: -96px -37px;
}
.media-img:last-child {
    width:32px;
    height:32px;
    background-position: -128px -37px;
}
```

（7）实现版权区块，效果图如图 4-4-8 所示。

©2013 NATURAL

图 4-4-8　版权区块效果图

在 index.html 中，继续添加如下 HTML 代码：

```
<!-- 版权信息 -->
<div class="copyright">
    &copy;2013 NATURAL
</div>
```

在 style.css 样式表文件中，继续添加如下 CSS 代码：

```
/*
    版权信息
*/
.copyright {
    background: #14496B;
    width: 100%;
    height: 30px;
    line-height: 30px;
    text-align: center;
    color: #fff;
}
```

3. 布局响应式页面

（1）800 px 临界点的媒体查询样式

在 style.css 样式表文件中，继续添加如下 CSS 代码：

```
/*
    媒体查询 800px 临界点
*/
@media (max-width:800px) {
    .fixed-bar {
        display: block;
        opacity: 0.5;
    }
    .fixed-bar > img:nth-child(3) {
        display: none;
    }
    .header > .info > .wrapper > .shop {
        display: none;
    }
    header > .info,.header > .nav,.header > .content {
        padding-right: 10px;
        padding-left: 10px;
    }

    .left-content {
         display: none;
    }
    .wrapper > .right-content {
        margin: 0 auto;
        padding-right: 10px;
        padding-left: 10px;
```

```
    }
}
```

（2）500 px 临界点的媒体查询样式

在 style.css 样式表文件中，继续添加如下 CSS 代码：

```
/*
    媒体查询 500px 临界点
*/
@media (max-width:500px) {
    .show-sx {
        display: block;
    }
    .header > .nav,.header > .content > .right,.header > .btn-group,.wrapper > .right-content >
.tab-shopping > .shop-body > .item > .bottom > p,.parents {
        display: none;
    }

    .header > .content > .left {
        margin: 30px auto;
    }
    .header > .content > .left > .input {
        margin-top: 10px;
    }
    .header > .content {
        background: #14496B;
        height: 172px;
    }
    .header {
        height: 202px;
    }
```

```
.header > .info > .wrapper > .header-nav {
    font-size: 10px;
    letter-spacing: 0;
    width: 100%;
    justify-content: space-around;
}
.wrapper > .right-content > .tab-shopping > .shop-body {
    width: 360px;
    margin: 0 auto;
    overflow: hidden;
    position: relative;
    height: 400px;
    box-sizing: border-box;
}
.hidden-sx {
    display: none;
}
.wrapper > .right-content > .tab-shopping > .shop-body > .item {
    width: 360px;
    margin: 0 auto;
    position: absolute;
}
.wrapper > .right-content > .tab-shopping > .shop-body > .item:first-child {
    left: 0;
}
.wrapper > .right-content > .tab-shopping > .shop-body > .item:nth-child(2) {
    left: 360px;
}
.wrapper > .right-content > .tab-shopping > .shop-body > .item:last-child {
```

```
    left: 720px;
}
.wrapper > .right-content > .tab-shopping > .shop-body > .item > .bottom {
    bottom: 0;
}
.wrapper > .right-content > .tab-shopping > .shop-body > .item > .bottom > button {
    width: 80%;
    margin: 0 auto;
    border-radius: 4px;
}
.parents-sm {
    font-size: 12px;
    display: block;
    text-align: center;
    padding: 10px;
}
.parents-sm > p {
    margin: 10px 0;
}
.parents-sm > p > a {
    color: #B5ACBD;
}
.foot {
    width: 50%;
}
.footer > .media {
    width: 60%;
}

.fixed-bar {
```

```
        opacity: 1;
    }
    .fixed-bar > img:nth-child(3) {
        display: block;
    }
}
```

工作评价

根据任务完成情况，进行学习任务综合评价，见表 4-4-1。

表 4-4-1　学习任务综合评价

考核项目	评价内容	配分（分）	评价分数		
			自我评价	小组评价	教师评价
职业素养	安全意识和责任意识强，能遵守健康及安全标准	10			
	团队合作意识强，能与同学分享知识及专业资料	10			
	现场管理符合 8S 标准，能做好定期整理工作	10			
专业能力	能进行响应式页面布局	40			
工作成果	能正确完成服装在线商城响应式页面布局	30			
总分		100			
综合评分	综合评分 = 自我评价 ×20%+ 小组评价 ×30%+ 教师评价 ×50%	教师（签名）:			